世界技能大赛资源转化系列教材
——电子技术项目

硬件设计及故障维修

主编　付少华　伊洪良

参编　叶荣华　李云庆　陆卫国　吴慧谦　马慧琼

　　　韩宏哲　叶光显　唐　涨

主审　林　琳

中国劳动社会保障出版社

图书在版编目（CIP）数据

硬件设计及故障维修 / 付少华，伊洪良主编. -- 北京：中国劳动社会保障出版社，2019
世界技能大赛资源转化系列教材
ISBN 978-7-5167-4125-2

Ⅰ. ①硬… Ⅱ. ①付…②伊… Ⅲ. ①硬件－设计－教材②电路－故障修复－教材
Ⅳ. ①TP303②TM13

中国版本图书馆 CIP 数据核字（2019）第 190313 号

中国劳动社会保障出版社出版发行

（北京市惠新东街 1 号　邮政编码：100029）

*

三河市华骏印务包装有限公司印刷装订　　新华书店经销

787 毫米 × 1092 毫米　16 开本　16.75 印张　319 千字
2019 年 9 月第 1 版　　2019 年 9 月第 1 次印刷

定价：45.00 元

读者服务部电话：（010）64929211/84209101/64921644

营销中心电话：（010）64962347

出版社网址：http://www.class.com.cn

内容简介

本教材以世界技能大赛电子技术项目标准为依据，紧紧围绕"以企业需求为导向，以职业能力为核心"的编写理念，力求突出职业技能培训特色，满足电子类专业教学及学生参加世界技能大赛电子技术项目各级别选拔赛、选手集训的需要。

本教材详细介绍世界技能大赛电子技术项目的最新知识和技能，全书分为三个模块，二十三个项目。其中，模拟电路设计模块包含直流稳压电源电路设计，晶体管开关、限幅与钳位电路设计，差动放大电路设计，晶闸管可控整流电路设计，互补 OTL 功率放大器电路设计，单端输入放大电路设计，集成运算放大电路设计，RC 桥式振荡电路设计，直流可调稳压电源电路设计，音频功率放大器设计等十个项目；数字电路设计模块包括逻辑电平显示电路设计、逻辑电路设计、编码译码电路设计、双 D 触发器控制电路设计、同步加法计数器电路设计、流水灯电路设计、八路抢答器电路设计、电子秒表电路设计、拔河游戏机电路设计等九个项目；真题训练模块源于第 43、44 届世界技能大赛的真实试题，内容包括电梯控制电路硬件设计、迷宫控制器硬件设计、数字电压表电路故障排除、风力发电系统电路故障排除等四个项目。前两个模块的每个项目均安排了"学习目标""项目描述""知识准备""任务实施""任务评价"等学习活动环节，以使学生在完成电子产品设计、制作的过程中，能同时实现综合职业能力的提升。

本教材是电子信息、自动化等相关专业教学与竞赛训练用书，可供世界技能大赛电子技术项目集训选手使用，也可供相关人员参加在职培训、岗位培训使用。

前　言

　　世界技能大赛（以下简称"世赛"）引领世界技能人才的培养标准和方向，为充分借鉴世赛先进的技能理念、技能标准、评价体系，加大职业教育、职业培训创新发展，改进技能人才培养模式，提高人才培养质量，培育具有专业技能与工匠精神的高素质劳动者和人才，实现技能传承创新与决胜世界竞技场同步推进，广东三向智能科技股份有限公司组织有关行业专家、职教专家、工程技术人员，依据世赛及国家职业标准，兼顾企业对电子技术技能人才的需求，研发了世界技能大赛资源转化系列教材。

　　本系列教材具有以下主要特点：

　　突出以世赛元素融入职业能力为核心。教材编写贯穿"以职业标准为依据，以企业需求为导向，以职业能力为核心"的理念，依据国家职业标准，结合行业、企业发展和人才需求，精准对接世赛电子技术项目标准，培养具备安全与规范操作、电路原理图的设计、印制电路板设计、嵌入式编程、电路故障维修、电路安装与调试等综合能力的技能人才。同时，突出新知识、新工艺、新方法，注重综合职业能力培养。

　　服务专业教学和竞赛并重。根据职业发展的实际情况和专业教学需求，教材力求体现职业教育规律，同时反映世赛电子技术项目的基本要求，满足电子类专业教学及学生参加世赛电子项目各级别选拔赛以及选手集训的需要。

　　采用分级模块化编写。纵向上，教材按照世赛电子技术项目的设置分为《硬件设计及故障维修》和《嵌入式编程》两册，各模块合理衔接，逐步提升，为电子技术专业的技能人才培养及世赛选手训练搭建阶梯型训练架构。横向上，教材按照世赛电子技术项目的设置分项目展开，安排丰富、适用的内容，在对接世赛标准的同时，贴近企业和培训对象的需求。

　　增强教材内容的可读性。为便于学校在组织教学或世赛训练时，在有限的时间内把重要的知识和技能传授给受训对象，同时也便于培训对象掌握重点，提高学习效率，教材中精心设置了"学习目标""项目描述""知识准备""任务实施""任务评价"等学习活动环节，以明确应该达到的学习目标和取得的成果，需要掌握的重点、难点及有关的扩展知识。

　　精准对接世赛装置。本套教材中所有项目的产品设计、组装、焊接、编程与调试均在世赛电子技术项目指定设备（SX–WSC16）即广东三向智能科技股份有限公司设备上调试实验成功，读者可以直接应用。

　　欢迎各使用单位和广大读者对教材中存在的不足之处提出宝贵意见和建议，以便修订时加以完善。

目　录

模块二　数字电路设计　　　　　　　103

模块一
模拟电路设计

项目一
直流稳压电源电路设计

一、学习目标

1. 根据直流稳压电源电路的功能和相关逻辑要求，合理设计电路和选择元器件。

2. 运用 AD（Altium Designer）软件或 Eagle 软件设计并绘制直流稳压电源电路原理图。

3. 根据直流稳压电源电路原理图设计 PCB（Printed Circuit Board，印制电路板）线路。

4. 根据设计文件加工直流稳压电源电路 PCB。

5. 根据电路板焊接工艺要求焊接直流稳压电源电路并调试电路板功能，使产品正常运行。

二、项目描述

本项目是一个为电子设备或电路提供稳定的直流电压的电路，该电路主要由变压器、整流电路、滤波电路和集成稳压电路构成，如图 1-1-1 所示。直流稳压电源电路设计包括电路原理图设计、电路 PCB 设计、电路板安装与调试三个任务。

图 1-1-1　直流稳压电源电路原理框图

直流稳压电源电路采用 EI 型变压器，经桥式整流之后，以电容滤波，并采用 7824，7812，7912，7805 等三端集成稳压器，使得输出直流电压为 24 V、±12 V、5 V，各输出电压的电压调整率≤-5%。

三、知识准备

1. 简述单相小型隔离变压器的变比定义，并写出其计算公式。

_____

_____

2. 电容滤波参数该如何选择？

_____

_____

_____

3. 如何实现将交流电变成比较平滑的直流电？需要哪些步骤？

_____

_____

_____

_____

四、任务实施

任务一　直流稳压电源电路原理图设计

1. 模块电路设计

设计 1　5 V 直流稳压电源设计

电路设计要求：

（1）使用一片三端稳压集成电路芯片 7805 设计一个直流稳压电源电路，设计输出电压为 5 V，输出电流为 150 mA，纹波小于 20 mV。

（2）参考如图 1-1-1 的直流稳压电源电路原理框图，根据电路要求及给出的 5 V 直流稳压电源部分电路元器件（见图 1-1-2），设计 5 V 直流稳压电源电路，仅能使用以下元器件。可选元器件：一块集成稳压器 L7805CV，四个二极管 1N4007，两个 1 000 μF 电解电容器，一个 0.1 μF 独石电容器。连接线可用网络标号表示。

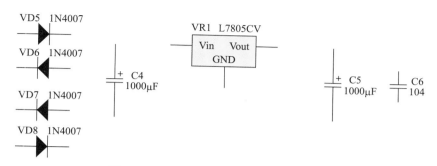

图 1-1-2　5 V 直流稳压电源部分元器件 *

设计 2　24 V 直流稳压电源设计

电路设计要求：

（1）使用一个三端集成稳压器 L7824CV 设计一个直流稳压电源电路，设计输出电压为 24 V，输出电流为 150 mA，纹波小于 20 mV。

（2）参考如图 1-1-1 所示的直流稳压电源电路原理框图，根据电路要求及给出的部分电路元器件（见图 1-1-3），使用一个三端集成稳压器 L7824CV，四个二极管 1N4007，两个 1 000 μF/50 V 电解电容器，一个 0.1 μF 独石电容器。连接线可用网络标号表示。

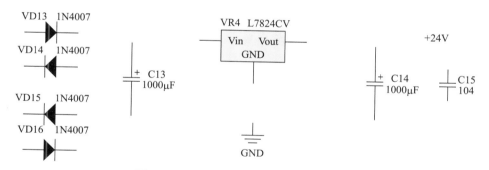

图 1-1-3　24 V 直流稳压电源部分元器件

设计 3　±12 V 直流稳压电源设计

电路设计要求：

（1）使用一个三端集成稳压器 L7812CV 和一个三端集成稳压器 L7912CV 设计一个直流稳压电源电路，设计输出电压为 ±12 V，输出电流为 150 mA，纹波小于 20 mV。

（2）参考如图 1-1-1 所示的直流稳压电源电路原理框图，根据电路要求及给出的部分电路元器件（见图 1-1-4），可选一个三端集成稳压器 L7812CV，一个三端集成稳压器

---

*：为与世界技能大赛电子技术项目试题材料一致，本书电子元器件图形符号采用世界技能大赛标准图形符号。世界技能大赛采用的元器件图形符号与国家标准元器件图形符号对照见附录。

L7912CV，四个二极管1N4007，四个1 000 μF电解电容器，两个0.1 μF独石电容器。连接线可用网络标号表示。

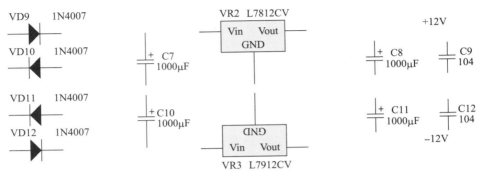

图1-1-4　±12 V直流稳压电源部分元器件

2. 硬件电路原理图（总电路图）

根据以上三种直流稳压电源模块电路，设计一个能同时输出电压为24 V、±12 V、5 V，输出电流为150 mA，纹波小于20 mV的直流稳压电源，并完成硬件电路的完整电路图。硬件电路完整元器件如图1-1-5所示。

3. 元器件清单

直流稳压电源电路的元器件清单见表1-1-1。

表1-1-1　　　　　　　　　　直流稳压电源电路设计元器件清单

序号	名称	规格型号	数量
1	金属膜电阻器	1/4 W，330 Ω，允许偏差±1%，铜引线	1
2	金属膜电阻器	1/4 W，3.3 kΩ，允许偏差±1%，铜引线	2
3	电解电容器	CD11–220 μF/25 V	4
4	电解电容器	1 000 μF/25 V	3
5	电解电容器	1 000 μF/35 V	1
6	独石电容器	104〔CT4–50（1±10%）V，脚距5 mm〕	4
7	三端集成稳压器	L7805CV	1
8	三端集成稳压器	L7812CV	1
9	三端集成稳压器	L7824CV	1
10	三端集成稳压器	L7912CV	1
11	二极管	1N4007	12
12	发光二极管	ϕ3 mm，红	3

序号	名称	规格型号	数量
13	排插座	3.96 mm 2T	1
14	排插座	3.96 mm 7T	1
15	E1–10W 变压器	10 W，220 V，0–7.5 V（0.66 A），12 V–0–12 V（0.1 A），0–23 V（0.1 A）	1
16	台阶插座	K1A30，镀金	7
17	接线端子	RJ128 2T，绿，直插	1
18	简易牛角座	DC3–8P/ 直针	1
19	内六角圆柱头螺钉	GB/T 70.1 M3×8 不锈钢	2
20	插头芯	KT4BK9	4

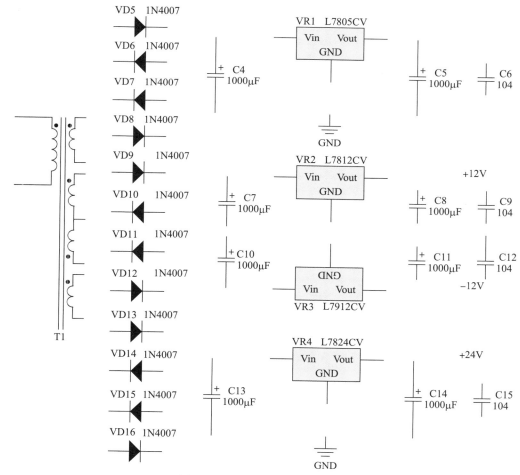

图 1–1–5　硬件电路完整元器件

任务二　直流稳压电源电路 PCB 设计

1. PCB 设计要求

（1）单面底层布线 PCB，尺寸不大于 115 mm × 95 mm，在 PCB 图上标注尺寸。

（2）所有信号线宽不小于 11 mil［1 mil = 0.025 4 mm，密尔（mil）也称为毫英寸］，电源线的线宽不小于 12 mil，跳线不超过 5 处。线间安全距离不小于 11 mil。

（3）按图 1-1-5 和表 1-1-1 完成元器件布局，变压器、三端集成稳压器相对参考位置如图 1-1-6 所示，自行布局其余元器件。

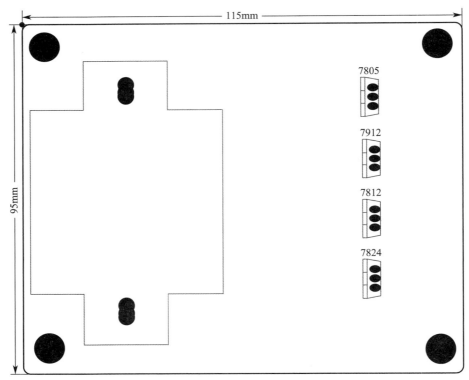

图 1-1-6　PCB 规定元器件布局图

（4）必须按元器件清单中的元器件设计 PCB。

（5）布线层（底层）实体接地敷铜，对于无网络连接部分的死铜不需要删除，以提高雕刻机制板效率。

2. 根据设计文件加工直流稳压电源电路 PCB

依据绘制的 PCB 图，在雕刻机上制作电路板。电路板制作完成后要与绘制的 PCB 图进行对比，使用万用表检查是否有断线、短路等现象，确保电路板制作无误，为安装与调试做好准备。

任务三　直流稳压电源电路板安装与调试

1. 电路板焊接

（1）工艺要求

1）按照先低后高、先小后大的原则安排焊接顺序。

2）根据装配工艺要求，保证元器件的装配方向正确，并安装到位。

3）检查焊点质量，无漏焊，焊点大小应适中，表面圆润有光泽，无毛刺、挂锡、拉点、连焊、虚焊等缺陷。

在进行元器件焊接时，要按照《电子组件的可接受性》（IPC-A-610G）标准及要求进行操作，从而保证产品质量达到行业标准，好的焊接质量也可以略高于标准。

（2）电路焊接与安装

按照工艺要求完成电路焊接，焊接电路板实物参考图如图 1-1-7 所示。

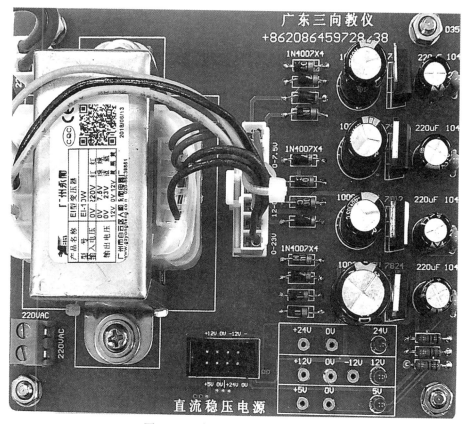

图 1-1-7　焊接电路板实物参考图

2. 电路调试

将图 1-1-7 所示的电路板接通电源，可同时在 L7805CV 芯片的输出端得到直流 5 V 电压，在 L7824CV 芯片的输出端得到直流 24 V 电压，在 L7812CV 芯片的输出端得到直流 12 V 电压，在 L7912CV 芯片的输出端得到直流 −12 V 电压，从而实现多种直流稳压电源输出，为不同的电子电路提供直流电压。

（1）用示波器观察 L7805CV 芯片 3 脚波形并记录在图 1-1-8 中。

L7805CV芯片3脚波形	示波器
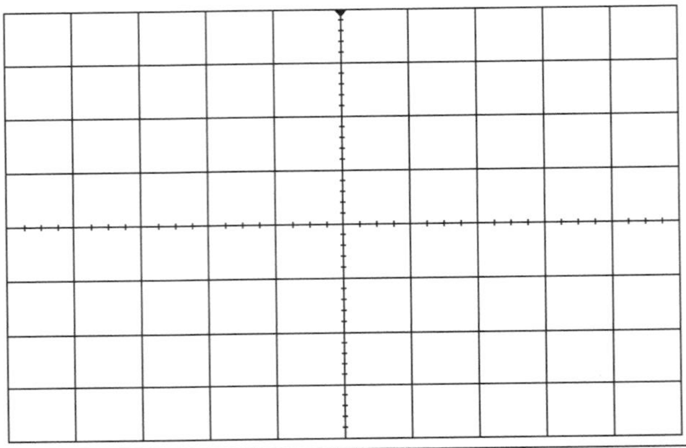	垂直设置：_____ /div 水平设置：_____ /div 频率：_____ Hz 峰峰值：_____ V

图 1-1-8　L7805CV 芯片 3 脚波形

（2）用示波器观察 L7824CV 芯片 3 脚波形并记录在图 1-1-9 中。

L7824CV芯片3脚波形	示波器
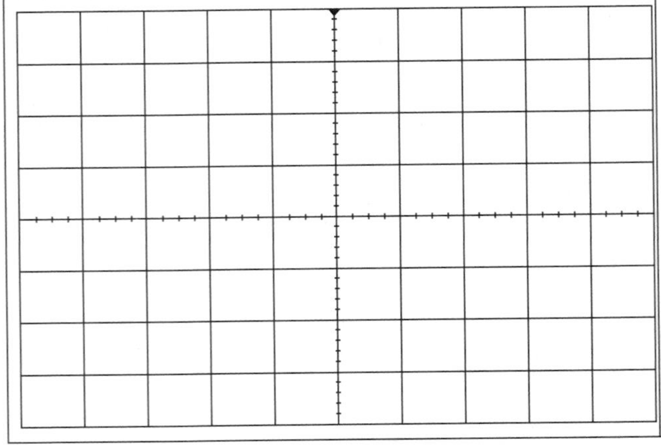	垂直设置：_____ /div 水平设置：_____ /div 频率：_____ Hz 峰峰值：_____ V

图 1-1-9　L7824CV 芯片 3 脚波形

（3）当负载为 2 kΩ 时，万用表测得 L7805CV 芯片的输出电流为＿＿＿＿＿，示波器测得 L7805CV 芯片的输出电压纹波系数为＿＿＿＿＿。当负载为 4 kΩ 时，万用表测得 L7812CV 芯片和 L7912CV 芯片的输出电流为＿＿＿＿＿和＿＿＿＿＿，示波器测得 L7812CV 芯片和 L7912CV 芯片的输出电压纹波系数为＿＿＿＿＿和＿＿＿＿＿。

五、任务评价

完成直流稳压电源电路项目后，按照表 1-1-2，在电路设计、PCB 设计、电路板组装、电路板功能等四个方面，对项目作品进行评价。

表 1-1-2　　　　　　　　　　任务评价表

评分项目	评分点	配分	学生自评	教师评分
电路设计 （30分）	5 V 直流稳压电源电路、24 V 直流稳压电源电路连接正确	15		
	±12 V 直流稳压电源电路连接正确	15		
PCB 设计 （30分）	单面底层布线 PCB，尺寸不大于 115 mm×95 mm，在 PCB 图上标注尺寸正确	10		
	所有信号线宽不小于 11 mil，电源线的线宽不小于 12 mil，跳线不超过 5 处。线间安全距离不小于 11 mil	5		
	元器件布局：变压器、7805、7912、7812 以及 7824 芯片的相对参考位置如图 1-1-6 所示，自行布局其余元器件，完成布线	10		
	布线层（底层）实体接地敷铜，无网络死铜不删除	5		
电路板组装 （20分）	电阻器、电容器等元器件的焊接符合 IPC-A-610G 标准	8		
	线路板焊接工艺符合 IPC-A-610G 标准	6		
	线路板元器件组装工艺符合 IPC-A-610G 标准	6		
电路板功能 （20分）	使用万用表测量读数误差不大于 5%	4		
	L7805CV 输出波形正确	4		
	L7812CV、L7912CV 芯片 3 脚波形正确	8		
	L7824CV 芯片 3 脚波形正确	4		
合计		100		

项目二
晶体管开关、限幅与钳位电路设计

一、学习目标

1. 根据晶体管开关、限幅与钳位电路的功能和相关逻辑要求，合理设计电路和选择元器件。

2. 运用 AD（Altium Designer）软件或 Eagle 软件设计及绘制晶体管开关、限幅与钳位电路原理图。

3. 根据晶体管开关、限幅与钳位电路原理图设计 PCB 线路。

4. 根据设计文件加工晶体管开关、限幅与钳位电路 PCB。

5. 根据电路板焊接工艺要求焊接晶体管开关、限幅与钳位电路并调试电路板功能，使产品正常运行。

二、项目描述

本项目设计的电路由晶体管开关、限幅、钳位电路等分立电路构成。晶体管开关电路具有对电路进行断路和接通的功能，被广泛应用于各种开关电路中；限幅电路能把输出信号的幅度限定在一定的范围内，当输入电压超过或低于某一参考值后，输出电压将被限制在某一固定值，且不再随输入电压变化；钳位电路是将周期性变化的波形顶部或底部保持在某一确定的直流电平上。

项目原理框图如图 1-2-1 所示。晶体管开关、限幅与钳位电路设计包括电路原理图设计、电路 PCB 设计、电路板安装与调试三个任务。

图 1-2-1　晶体管开关、限幅与钳位电路框图

三、知识准备

1. 根据三极管的三种基本放大电路的特性，填写表 1-2-1 中的各项内容。

表 1-2-1　　　　　　　　　　　三种基本放大电路比较

电路形式	共发射极放大电路	共集电极放大电路	共基极放大电路
电路原理图			
电压放大倍数（计算公式）			
输入电阻（计算公式）			
输出电阻（计算公式）			

2. 简述二极管的特性。

_____

_____

_____

_____

3. 三极管工作在开关状态的条件有哪些？

_____

_____

_____

_____

四、任务实施

任务一   晶体管开关、限幅与钳位电路原理图设计

1. 模块电路设计

设计 1   晶体管开关电路设计

电路设计要求：

（1）使用一个三极管 9013 设计一个晶体管开关电路，接上 12 V 的电源后，V_i 接 $f = 100\ \text{kHz}$，$V_{PP} = 4\ \text{V}$ 的方波信号，改变 $-E_b$、$+E_c$ 电压，通过观察并记录输出信号 V_o 波形。

（2）参考如图 1–2–1 所示的晶体管开关、限幅与钳位电路框图，根据电路要求及给出的部分电路元器件（见图 1–2–2），设计晶体管开关电路，仅能使用以下元器件。可选元器件：一个三极管 9013，一个二极管 2AK2，两个 1 kΩ 电阻器，一个 1.5 kΩ 电阻器，一个 2 kΩ 电阻器，一个 300 pF 独石电容器。连接线可用网络标号表示。

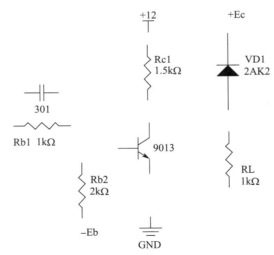

图 1–2–2   晶体管开关电路部分元器件

设计 2　三极管限幅电路设计

电路设计要求：

（1）使用三极管 3DK2 设计一个三极管限幅电路，接上 5 V 电源后，V_i 接 $f = 10$ kHz 正弦波，V_{PP} 在 $0 \sim 5$ V 范围连续可调，在不同的输入信号幅度下，观察输出电压波形 V_o 的变化情况。

（2）参考如图 1-2-1 所示的晶体管开关、限幅与钳位电路框图，根据电路要求及给出的部分电路元器件（见图 1-2-3），设计三极管限幅电路，仅能使用以下元器件。可选元器件：一个三极管 3DK2，两个 1 kΩ 电阻器，一个 4.7 kΩ 电阻器，一个 5.1 kΩ 电阻器。连接线可用网络标号表示。

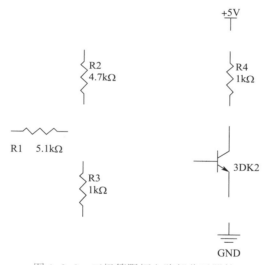

图 1-2-3　三极管限幅电路部分元器件

设计 3　二极管限幅电路设计

电路设计要求：

（1）使用一个二极管 2AK2 设计一个二极管限幅电路，V_i 接 $f = 10$ kHz，$V_{PP} = 4$ V 的正弦波信号，令直流电源电压 E 分别为 2 V、1 V、0、-1 V、-2 V，观察输出波形 V_o，用示波器观察波形变化并列表记录。

（2）参考如图 1-2-1 所示的晶体管开关、限幅与钳位电路框图，根据电路要求及给出的部分电路元器件（见图 1-2-4），设计二极管限幅电路。可选元器件：一个二极管 2AK2，一个 1 kΩ 电阻器，一个可调直流电

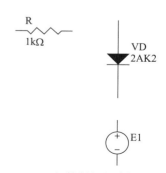

图 1-2-4　二极管限幅电路部分元器件

源 E1。连接线可用网络标号表示。

设计 4 二极管钳位电路设计

电路设计要求：

（1）使用一个二极管 2AK2 设计一个二极管钳位电路，V_i 接 $f = 10$ kHz，$V_{PP} = 4$ V 的方波信号，令直流电源电压 E 分别为 3 V、1 V、0、–1 V、–3 V，观察输出波形 V_o，并列表记录。

（2）参考如图 1-2-1 所示的晶体管开关、限幅与钳位电路框图，根据电路要求及给出的部分电路元器件（见图 1-2-5），设计二极管钳位电路。可选元器件：一个二极管 2AK2，一个 1 kΩ 电阻器，一个 0.1 μF 独石电容器，一个可调直流电源 E2。连接线可用网络标号表示。

图 1-2-5 二极管钳位电路部分元器件

2. 硬件电路原理图（总电路图）

根据以上四部分模块电路，设计一个晶体管开关、限幅与钳位电路，并完成硬件电路的完整电路图。硬件电路完整元器件如图 1-2-6 所示。

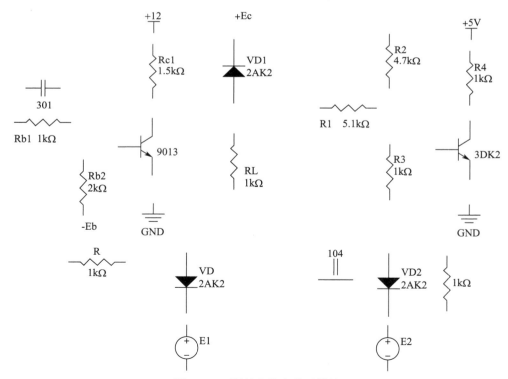

图 1-2-6 硬件电路完整元器件

3. 元器件清单

晶体管开关、限幅与钳位电路设计元器件清单见表 1-2-2。

表 1-2-2　　晶体管开关、限幅与钳位电路设计元器件清单

序号	名称	规格型号	数量
1	方孔 IC 插座	7.62 mm×2.54 mm，DIP-14P	1
2	插头芯	KT4BK9	4
3	台阶插座	K1A30，镀金	21
4	电路板测试针	test-1，黄色	10
5	发光二极管	ϕ 3 mm，红	2
6	金属膜电阻器	1/4 W，510 Ω，允许偏差 ±1%，铜引线	1
7	金属膜电阻器	1/4 W，1.5 kΩ，允许偏差 ±1%，铜引线	2
8	金属膜电阻器	1/4 W，1 kΩ，允许偏差 ±1%，铜引线	6
9	金属膜电阻器	1/4 W，2 kΩ，允许偏差 ±1%，铜引线	1
10	金属膜电阻器	1/4 W，4.7 kΩ，允许偏差 ±1%，铜引线	1
11	金属膜电阻器	1/4 W，5.1 kΩ，允许偏差 ±1%，铜引线	1
12	独石电容器	104〔CT4-50（1±10%）V，脚距 5 mm〕	1
13	独石电容器	301〔CT4-50（1±2%）V，脚距 5 mm〕	1
14	三极管	3DK2	1
15	三极管	9013	1
16	二极管	2AK2	3

任务二　晶体管开关、限幅与钳位电路 PCB 设计

1. PCB 设计要求

（1）单面底层布线 PCB，尺寸不大于 115 mm×95 mm，在 PCB 图上标注尺寸。

（2）所有信号线宽不小于 11 mil，电源线的线宽不小于 12 mil，跳线不超过 5 处。线间安全距离不小于 11 mil。

（3）按图 1-2-6 完成元器件布局，电源、9013、3DK2、2AK2 相对参考位置如图 1-2-7 所示，自行布局其余元器件。

（4）必须按元器件清单中的元器件设计 PCB。

（5）布线层（底层）实体接地敷铜，对于无网络连接部分的死铜不需要删除，以提高雕刻机制板效率。

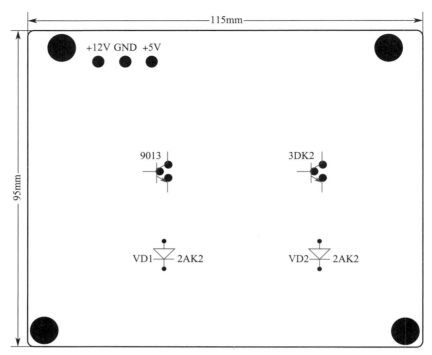

图 1-2-7　PCB 规定元器件布局图

2. 根据设计文件加工晶体管开关、限幅与钳位电路 PCB

依据绘制的 PCB 图，在雕刻机上制作电路板，电路板制作完成后要与绘制的 PCB 图进行对比，使用万用表检查是否有断线、短路等情况。在确保电路板制作正确的情况下，再做安装与调试的准备。

任务三　晶体管开关、限幅与钳位电路板安装与调试

1. 电路板焊接

（1）工艺要求

1）按照先低后高、先小后大的原则安排焊接顺序。

2）根据装配工艺要求，保证元器件的装配方向正确，并安装到位。

3）检查焊点质量，无漏焊，焊点大小应适中，表面圆润有光泽，无毛刺、挂锡、拉点、连焊、虚焊等缺陷。

在进行元器件焊接时，要按照《电子组件的可接受性》（IPC-A-610G）标准及要求进行操作，从而保证产品质量达到行业标准，好的焊接质量也可以略高于标准。

（2）电路焊接与安装

按照工艺要求完成电路焊接，焊接电路板实物参考图如图 1-2-8 所示。

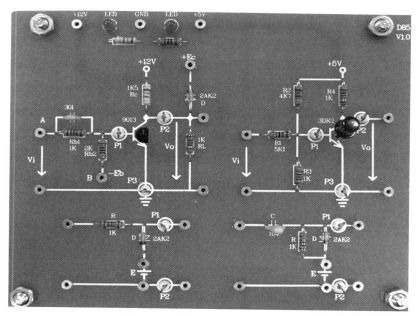

图 1-2-8　焊接电路板实物参考图

2. 电路调试

（1）晶体管开关电路调试

接通 +12 V 电源，在 V_i 位置点加入 $f = 100\ kHz$，$V_{PP} = 4\ V$ 的正弦信号，输出端用示波器监视，改变 $-E_b$、$+E_c$ 电压，观察输出波形的变化情况并记录在表 1-2-3 中。

表 1-2-3　　　　　　　　　　三极管开关电路调试数据记录表

（V_i）f：　　　　　　　　　　　　　　V_{PP}：

$-E_b$			
$+E_c$			
输出波形			

（2）三极管限幅电路测试

V_i 位置点输入 $f = 10\ kHz$ 正弦波，V_{PP} 在 $0 \sim 5$ V 范围连续可调，在不同的输入信号幅度下，观察输出波形 V_o 的变化情况并记录在表 1-2-4 中。

表 1–2–4 三极管限幅电路测试数据记录表

$(V_i)\ f:$

V_{PP}			
输出波形			
V_{PP}			
输出波形			

（3）二极管限幅电路测试

V_i 位置点输入 $f = 10\,kHz$，$V_{PP} = 4\,V$ 的正弦波信号，令直流电源电压 E 分别为 2 V、1 V、0、–1 V、–2 V，观察输出波形 V_o，并记录在表 1–2–5 中。

表 1–2–5 二极管限幅电路测试数据记录表

$(V_i)\ f:$ $V_{PP}:$

E			
输出波形			
E			
输出波形			

（4）二极管钳位电路测试

V_i 位置点输入 $f = 10\,kHz$、$V_{PP} = 4\,V$ 方波信号（带 510 Ω 阻性负载），令 E 分别为 3 V、

1 V、0、–1 V、–3 V，观察输出波形，并记录在表 1–2–6 中。

表 1–2–6　　　　　　　　　　　　　二极管钳位电路测试数据记录表

（V_i）f:　　　　　　　　　　　　　　　V_{PP}:

E			
输出波形			
E			
输出波形			

五、任务评价

完成晶体管开关、限幅与钳位电路项目后，按照表 1–2–7，在电路设计、PCB 设计、电路板组装、电路板功能等四个方面，对项目作品进行评价。

表 1–2–7　　　　　　　　　　　　任务评价表

评分项目	评分点	配分	学生自评	教师评价
电路设计（30分）	晶体管开关、限幅与钳位电路外围电阻、电容连接正确	15		
	晶体管开关、限幅与钳位电路显示电路连接正确	15		
PCB 设计（30分）	单面底层布线 PCB，尺寸不大于 115 mm × 95 mm，在 PCB 图上标注尺寸正确	10		
	所有信号线宽不小于 11 mil，电源线的线宽不小于 12 mil，跳线不超过 5 处。线间安全距离不小于 11 mil	5		
	元器件布局：电源、9013、3DK2、2AK2 相对参考位置如图 1–2–7 所示，自行布局其余元器件，完成布线	10		
	布线层（底层）实体接地敷铜，无网络死铜不删除	5		

评分项目	评分点	配分	学生自评	教师评价
电路板组装 （20分）	电阻器、电容器、IC 等元器件的焊接符合 IPC-A-610G 标准	8		
	线路板焊接工艺符合 IPC-A-610G 标准	6		
	线路板元器件组装工艺符合 IPC-A-610G 标准	6		
电路板功能 （20分）	电路测试仪表选择和使用正确	4		
	限幅波形输出正确	8		
	钳位电压波形正确	8		
合计		100		

项目三
差动放大电路设计

一、学习目标

1. 根据差动放大电路的功能和相关逻辑要求，合理设计电路并选择元器件。
2. 运用 Altium Designer 软件或 Eagle 软件设计并绘制各模块及总硬件电路原理图。
3. 根据差动放大电路原理图设计 PCB 线路。
4. 根据设计文件加工差动放大电路 PCB。
5. 根据电路板焊接工艺要求焊接差动放大电路并调试电路板功能，使产品正常运行。
6. 理解差动放大电路的性能及特点，掌握差动放大电路主要性能指标的测试方法。

二、项目描述

　　差动放大电路又称差分电路，它既可以有效地放大直流信号，又可以减小由于电源波动和晶体管随温度变化等引起的零点漂移，同时具备高输入阻抗的优点，因而得到广泛的应用，特别是应用于集成运算放大器电路的前置级。差动放大电路主要由两个基本放大电路、对应的供电与偏置电路以及输入、输出电路构成，如图 1-3-1 所示。其中，两个基本放大电路的各元件参数相同。本项目由差动放大电路原理图设计、差动放大电路 PCB 设计、差动放大电路板安装与调试三个任务组成。

　　差动放大电路的两个基本放大电路采用完全一致的共发射极电路，为提高电路性能，克服参数偏差，抑制单端输出的零点漂移（简称零漂），通常会在偏置电路中增加调零电位器，增加发射极电阻，这种电

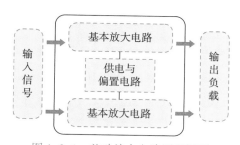

图 1-3-1　差动放大电路原理框图

路称为长尾式差动放大电路。

三、知识准备

1. 简述差模信号与共模信号的区别。

_____

_____

_____

2. 简述如何通过共模抑制比衡量差动放大电路性能的优劣。

_____

_____

_____

_____

四、任务实施

任务一　差动放大电路原理图设计

1. 模块电路设计

设计 1　共发射极放大电路设计

电路设计要求：

（1）使用一个三极管 S9014 设计一个共发射极放大电路，选择合适的偏置电阻以满足放大要求，使用 12 V 电源供电。

（2）根据电路设计要求及给出的共发射极放大电路部分电路元器件（见图 1-3-2），设计共发射极放大电路，仅能使用以下元器件。可选元器件：一个三极管 S9014，两个 10 kΩ 电阻器，一个 200 kΩ ～ 1 MΩ 电阻器。连接线可用网络标号表示。

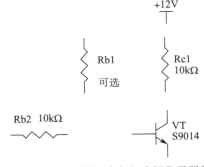

图 1-3-2　共发射极放大电路部分元器件

设计 2 基本差动放大电路设计

电路设计要求：

（1）在完成一个共发射极放大电路设计的基础上，复制完成另一个基本放大电路的设计；增加发射极电阻和调零电路，改用 ±12 V 电源供电，完成长尾式差动放大电路的设计。

（2）参考如图 1-3-2 所示的共发射极放大电路，根据电路设计要求及给出的基本差动放大电路部分元器件（见图 1-3-3），设计基本差动放大电路，仅能使用以下元器件。可选元器件：两个三极管 S9014，五个 10 kΩ 电阻器，两个 200 kΩ ~ 1 MΩ 可选电阻器，一个 100 Ω 可调电阻器。连接线可用网络标号表示。

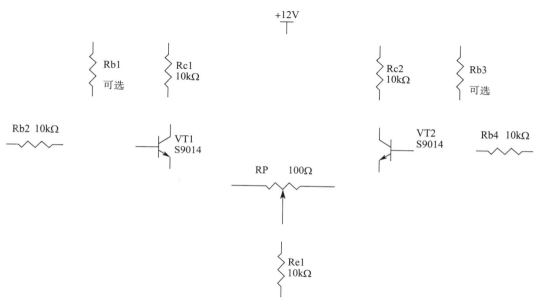

图 1-3-3 基本差动放大电路部分元器件

设计 3 辅助电路设计

电路设计要求：

（1）在基本差动放大器设计的基础上增加供电指示电路和输入输出电路的设计。输入电路可以根据测试要求，选择设置成单端输入或双端输入；输出电路也可以根据测试要求，选择设置成单端输出或双端输出。

（2）可选元器件：一个 φ3 mm LED（Light Emitting Diode，发光二极管），一个 5.1 kΩ 电阻器，两个 510 Ω 电阻器，连接线可用网络标号表示。

（3）可在下面图 1-3-4 框中设计辅助电路的草图。

图 1-3-4　辅助电路设计草图

2. 总硬件电路原理图

根据以上设计的模块电路，参考图 1-3-1 差动放大电路原理框图，设计一个差动放大电路，并完成硬件电路的完整电路图。差动放大电路完整电路元器件如图 1-3-5 所示。

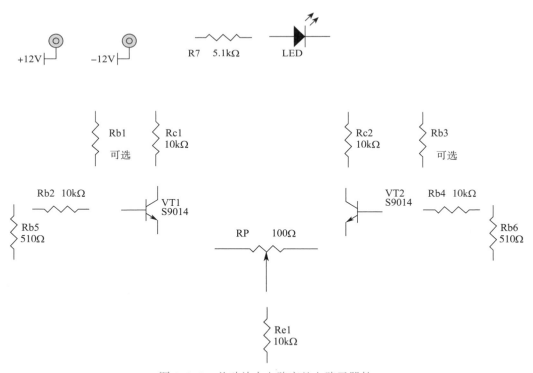

图 1-3-5　差动放大电路完整电路元器件

3. 元器件清单

差动放大电路设计元器件清单见表 1-3-1。

表 1-3-1　　　　　　　　　　　　　　差动放大电路设计元器件清单

序号	名称	规格型号	数量
1	插头芯	KT4BK9	4
2	台阶插座	K1A30，镀金	6
3	电路板测试针	test-1，黄色	6
4	发光二极管	$\phi\,3\,\text{mm}$，红	1
5	金属膜电阻器	1/6 W，510 Ω，允许偏差 ±1%，铜引线	2
6	金属膜电阻器	1/4 W，5.1 kΩ，允许偏差 ±1%，铜引线	1
7	金属膜电阻器	1/4 W，10 kΩ，允许偏差 ±1%，铜引线	5
8	金属膜电阻器	1/4 W，200 kΩ ~ 1 MΩ，允许偏差 ±1%，铜引线	2
9	精密可调电阻器	3296（101），100 Ω	1
10	三极管	S9014	2

任务二　差动放大电路 PCB 设计

1. 设计要求

（1）单面底层布线 PCB，尺寸为 130 mm × 105 mm，在 PCB 图上标注尺寸。

（2）所有信号线宽不小于 11 mil，电源线的线宽不小于 12 mil，跳线不超过 3 处，线间安全距离不小于 11 mil。

（3）根据图 1-3-5 和表 1-3-1 完成元器件布局，晶体管、可调电阻器及外接电源正负接线端的相对参考位置如图 1-3-6 所示，自行完成其余元器件布局。

（4）必须按元器件清单中的元器件设计 PCB。

（5）布线层（底层）实体接地敷铜，对于无网络连接部分的死铜不需要删除，以提高雕刻机制板效率。

2. 根据设计文件加工差动放大电路 PCB

根据设计文件加工差动放大电路 PCB，依据绘制的 PCB 图，在雕刻机上制作电路板。电路板制作完成后要与绘制的 PCB 图进行对比，使用万用表检查是否有断线、短路等现象，确保电路板制作无误，为安装与调试做好准备。

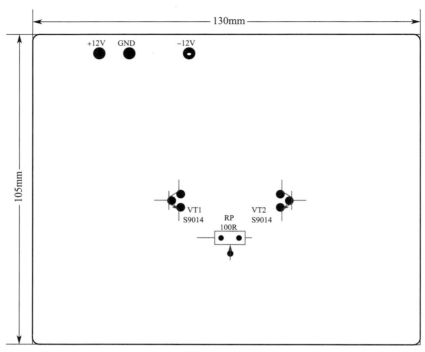

图 1-3-6　PCB 规定元器件布局图

1. 电路板焊接

（1）工艺要求

1）按照先低后高、先小后大的原则安排焊接顺序。

2）根据装配工艺要求，保证元器件的装配方向正确，并安装到位。

3）检查焊点质量，无漏焊，焊点大小应适中，表面圆润有光泽，无毛刺、挂锡、拉点、连焊、虚焊等缺陷。

在进行元器件焊接时，要按照《电子组件的可接受性》（IPC-A-610G）标准及要求进行操作，从而保证产品质量达到行业标准，好的焊接质量也可以略高于标准。

（2）电路焊接与安装

按照工艺要求完成电路焊接，焊接电路板实物参考图如图 1-3-7 所示。

2. 电路调试

（1）测量静态工作点

1）调节放大器零点。信号源不接入。将放大器输入端 U_{i+} 和 U_{i-} 与地短接，接通 ±12 V 直流电源，用万用表的直流电压挡测量输出电压 U_{o+} 和 U_{o-} 两端，调节调零电位器 RP，使输

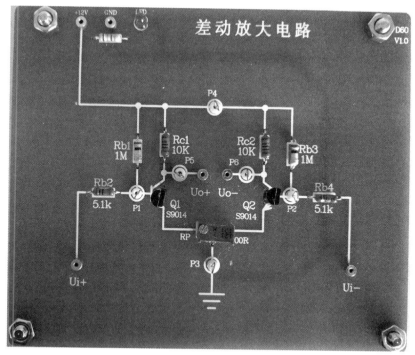

图 1-3-7　焊接电路板实物参考图

出电压 $U_o=0$。调节要仔细,力求准确。

2)测量静态工作点。零点调好以后,用万用表的直流电压挡测量三极管 VT1、VT2 各电极电位,记入表 1-3-2 中。

表 1-3-2　　　　　　　　　　　三极管 VT1、VT2 各极电位测量值

对地电压	U_{b1}	U_{c1}	U_{e1}	U_{b2}	U_{c2}	U_{e2}
测量值（V）						

（2）测量差模电压放大倍数

断开直流电源,将函数信号发生器的输出端接放大器输入端 U_{i+},信号的地端接放大器地端,输入端 U_{i-} 接地,构成单端输入方式,调节输入信号为 $f=1$ kHz 的正弦信号,并使输出旋钮旋至零,用示波器监视输出端（测试点 U_{o+} 与地之间）。

接通 ±12 V 直流电源,逐渐增大输入电压 U_i,在输出波形无失真的情况下,用示波器测 U_i,U_{o+},分别记录在图 1-3-8、图 1-3-9 中,并观察 U_i,U_{o+} 之间的相位关系。

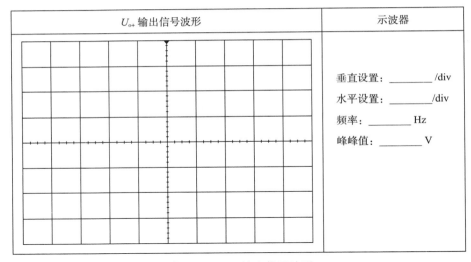

U_i 输入信号波形	示波器
	垂直设置：_____ /div 水平设置：_____ /div 频率：_____ Hz 峰峰值：_____ V

图 1-3-8　U_i 输入信号波形

U_{o+} 输出信号波形	示波器
	垂直设置：_____ /div 水平设置：_____ /div 频率：_____ Hz 峰峰值：_____ V

图 1-3-9　U_{o+} 输出信号波形

根据测量结果，使用公式计算差模电压放大倍数：

$$A_{ud} = U_o/U_i = U_{o+}/U_i = \underline{\hspace{5cm}}$$

（3）测量共模电压放大倍数

将放大器 U_{i+}、U_{i-} 短接并与信号源输出连接，信号源地端与电路地连接，构成共模输入方式，调节输入信号 $f = 1\ kHz$，$U_{P-P} = 2\ V$，在输出电压无失真的情况下，测量 U_i、U_{o+}、U_{o-} 的波形，并记录在图 1-3-10 至图 1-3-12 中，观察 U_i、U_{o+}、U_{o-} 之间的相位关系。

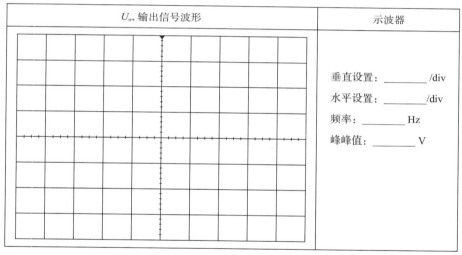

图 1–3–10　U_i 输入信号波形

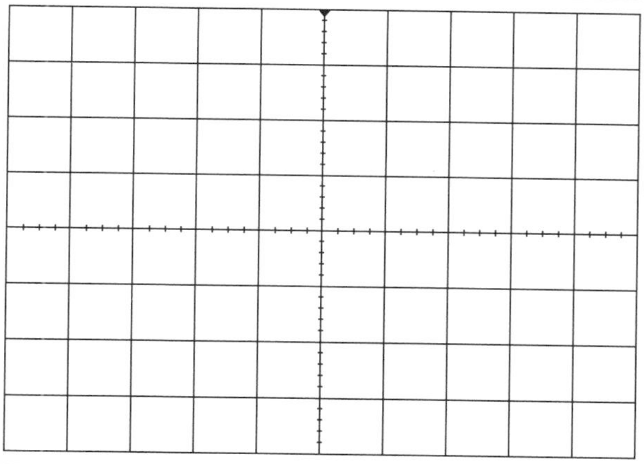

图 1–3–11　U_{o+} 输出信号波形

根据测量结果，使用公式计算共模电压放大倍数：

$$A_{uc} = U_o/U_i = (U_{o+}U_{o-})/U_i = \underline{\hspace{5cm}}$$

（4）计算共模抑制比 CMRR

根据测量结果，使用公式计算共模抑制比：

$$CMRR = A_{ud}/A_{uc} = \underline{\hspace{5cm}}$$

U_o 输出信号波形	示波器
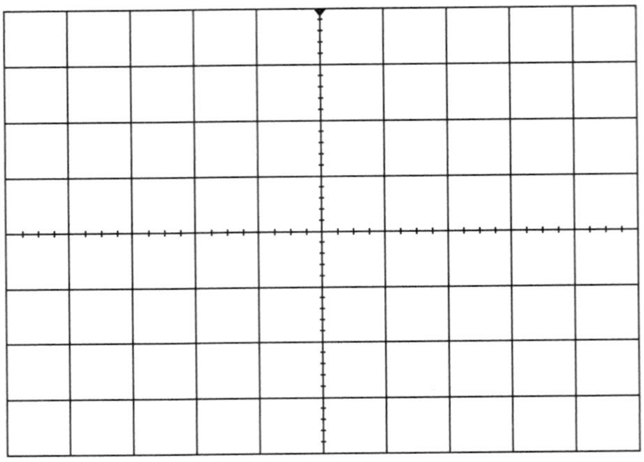	垂直设置：_____ /div 水平设置：_____ /div 频率：_____ Hz 峰峰值：_____ V

图 1-3-12　U_o 输出信号波形

五、任务评价

完成差动放大电路项目后，按照表 1-3-3，在电路设计、PCB 设计、电路板组装、电路板功能等四个方面，对项目作品进行评价。

表 1-3-3　　　　　　　　　　　　任务评价表

评分项目	评分点	配分	自我评价	教师评价
电路设计 （30 分）	基本放大电路设计中，三极管与外围器件的选择和连接正确	10		
	差动放大电路连接正确，特别是调零电阻与输入接口电路器件选择、电路连接正确	15		
	指示电路的器件选择与线路连接正确	5		
PCB 设计 （30 分）	单面底层布线 PCB，最大尺寸为 130 mm × 105 mm，在 PCB 图上标注尺寸正确	10		
	所有信号线宽不小于 11 mil，电源线的线宽不小于 12 mil，跳线不超过 3 处。线间安全距离不小于 11 mil	5		
	元器件布局：三极管、微调电阻及外接电源正负接线端相对参考位置如图 1-3-6 所示，自行布局其余元器件，完成布线	10		

评分项目	评分点	配分	自我评价	教师评价
PCB 设计 （30分）	布线层（底层）实体接地敷铜，无网络死铜不删除	5		
电路板组装 （20分）	电阻器、电容器、IC 等元器件的焊接符合 IPC-A-610G 标准	8		
	线路板焊接工艺符合 IPC-A-610G 标准	6		
	线路板元器件组装工艺符合 IPC-A-610G 标准	6		
电路板功能 （20分）	通电后电源指示 LED 正常工作	4		
	调节可调电阻 RP，电路可以正常调零	4		
	差动放大电路工作正常	6		
	信号波形测量与计算结果正确	6		
合计		100		

项目四
晶闸管可控整流电路设计

一、学习目标

1. 根据晶闸管可控整流电路功能和相关要求，合理设计电路和选择元器件。
2. 运用 Altium Designer 软件或 Eagle 软件设计并绘制晶闸管可控整流电路原理图。
3. 根据晶闸管可控整流电路原理图设计 PCB 线路。
4. 根据设计文件加工晶闸管可控整流电路 PCB。
5. 根据电路板焊接工艺要求焊接晶闸管可控整流电路并调试电路板功能，使产品正常运行。

二、项目描述

本项目是设计一个晶闸管可控整流电路，该电路主要由桥式整流电路、梯形波产生电路、脉冲产生及移相电路和晶闸管可控整流电路构成，如图 1-4-1 所示。晶闸管可控整流电路设计包括电路原理图设计、电路 PCB 设计、电路板安装与调试三个任务。

图 1-4-1　晶闸管可控整流电路原理框图

晶闸管可控整流电路由 220 V 交流电经桥式整流后利用稳压管削波电路形成梯形波，用这个电压给单结晶体管振荡供电，起到同步作用，可以准确地控制晶闸管导通的每一个周期。调整振荡回路中的电阻值，可改变触发脉冲的相位，触发脉冲的相位变化会影响晶闸管的控制角，使负载两端的电压相应改变，从而达到控制灯泡亮度的目的。

三、知识准备

1. 简述单结晶体管的工作特性。

_____

_____

_____

_____

2. 简述用万用表测试晶闸管的方法。

_____

_____

_____

_____

_____

3. 什么是晶闸管的控制角和导通角？

_____

_____

_____

_____

_____

_____

四、任务实施

任务一　晶闸管可控整流电路原理图设计

1. 模块电路设计

设计 1　梯形波产生电路设计

电路设计要求：

（1）设计一个梯形波产生电路，梯形波的幅值为 6 V 左右。

（2）参考如图 1-4-1 所示的晶闸管可控整流电路原理框图，根据电路要求及给出的部分电路元器件（见图 1-4-2）设计梯形波产生电路，仅能使用以下元器件。可选元器件：四个整流二极管 1N4007，一个 1 kΩ/1 W 电阻器，一个稳压管 2CW54。连接线可用网络标号表示。

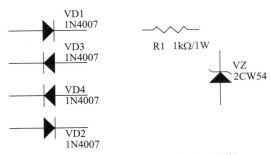

图 1-4-2　梯形波产生电路部分元器件

设计 2　可控调光电路设计

电路设计要求：

（1）使用晶闸管及单结晶体管，设计一个可控调光电路，对小灯泡可控调光。

（2）参考如图 1-4-1 所示的晶闸管可控整流电路原理框图，根据电路设计要求，利用一个单结晶体管 BT33F，一个 100 kΩ 电位器，一个 2 kΩ 电阻器，一个 240 Ω 电阻器，一个 51 Ω 电阻器，一个 0.22 μF 电容器，一个晶闸管，一只小灯泡，把图 1-4-3 所示的可控调光电路部分元器件连接完整。连接线可用网络标号表示。

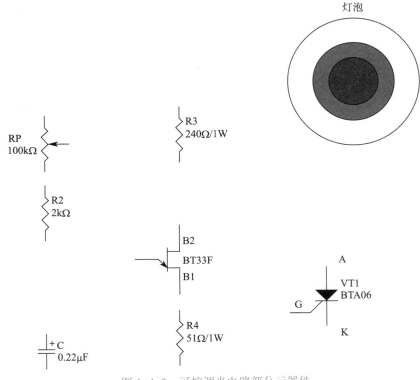

图 1-4-3　可控调光电路部分元器件

2. 总硬件电路原理图

根据以上两部分模块电路，设计一个晶闸管可控整流电路，并完成硬件电路的完整电路图。晶闸管可控整流电路完整元器件如图 1-4-4 所示。

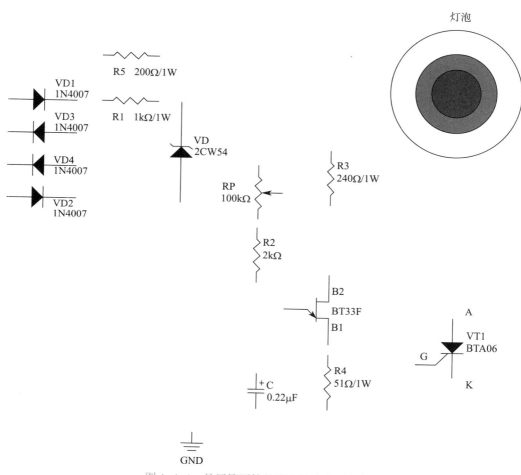

图 1-4-4　晶闸管可控整流电路完整元器件

3. 元器件清单

晶闸管可控整流电路的元器件清单见表 1-4-1。

表 1-4-1　　　　　　　　晶闸管可控整流电路设计元器件清单

序号	名称	规格型号	数量
1	插头芯	KT4BK9	8
2	台阶插座	K1A30，镀金	4

序号	名称	规格型号	数量
3	电路板测试针	test，黄色	9
4	发光二极管	ϕ 3 mm，红	1
5	金属膜电阻器	1/4 W，1 kΩ，允许偏差 ±1%	2
6	金属膜电阻器	1/4 W，2 kΩ，允许偏差 ±1%	1
7	金属膜电阻器	1 W，51 Ω，允许偏差 ±1%	1
8	金属膜电阻器	1 W，200 Ω，允许偏差 ±1%	1
9	金属膜电阻器	1 W，240 Ω，允许偏差 ±1%	1
10	精密可调电阻器	3296（104），100 kΩ	1
11	二极管	1N4007	4
12	稳压二极管	1 W，6.2 V	1
13	单结晶体管	BT33F	1
14	晶闸管	BTA06	1
15	电容器	0.22 μF	1
16	灯座	E14 螺口，带线	1
17	小螺口灯泡	E14 15 W/230 V	1
18	简易牛角座	DC3-8P/ 直针	1
19	内六角圆柱头螺钉	GB/T 70.1 M3×8，不锈钢	2

任务二 晶闸管可控整流电路 PCB 设计

1. PCB 设计要求

（1）单面底层布线 PCB，尺寸不大于 115 mm×95 mm，在 PCB 图上标注尺寸。

（2）所有信号线宽不小于 11 mil，电源线的线宽不小于 12 mil，跳线不超过 5 处。线间安全距离不小于 11 mil。

（3）按图 1-4-4 完成元器件布局，电源、灯泡相对参考位置如图 1-4-5 所示，自行布局其余元器件。

（4）必须按元器件清单中的元件设计 PCB。

（5）布线层（底层）实体接地敷铜，对于无网络连接部分的死铜不需要删除，以提高雕刻机制板效率。

2. 根据设计文件加工晶闸管可控整流电路 PCB

根据设计文件加工晶闸管可控整流电路 PCB，依据绘制的 PCB 图，在雕刻机上制作电

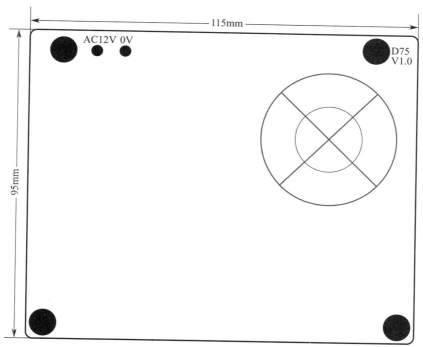

图 1-4-5　PCB 规定元器件布局图

路板。制作完成后要与绘制的 PCB 图进行对比，使用万用表检查是否有断线、短路等现象，确保电路板制作无误，为安装与调试做好准备。

任务三　晶闸管可控整流电路板安装与调试

1. 电路板焊接

（1）工艺要求

1）按照先低后高、先小后大的原则安排焊接顺序。

2）根据装配工艺要求，保证元器件装配的方向正确，并安装到位。

3）检查焊点质量，无漏焊，焊点大小应适中，表面圆润有光泽，无毛刺、挂锡、拉点、连焊、虚焊等缺陷。

在进行元器件焊接时，要按照《电子组件的可接受性》（IPC-A-610G）标准及要求进行操作，从而保证产品质量达到行业标准，好的焊接质量也可以略高于标准。

（2）电路焊接与安装

按照工艺要求完成电路焊接，焊接电路板实物参考图如图 1-4-6 所示。

图 1-4-6　焊接电路板实物参考图

2. 电路调试

在图 1-4-6 所示的电路板上，接通电源后，经示波器可以分别在稳压管两端观测到桥式整流经削波后的梯形波波形，在电容两端观测到电容的充放电锯齿波形。在不带负载的情况下，在晶闸管控制极（也称门极）观测到晶闸管的触发脉冲，在带负载两端观测到可控的整流电压波形。

（1）用示波器观察稳压管两端电压波形并记录在图 1-4-7 中。

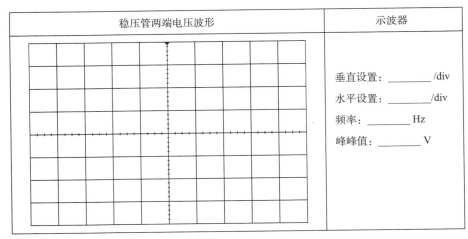

稳压管两端电压波形	示波器
	垂直设置：_____ /div 水平设置：_____ /div 频率：_____ Hz 峰峰值：_____ V

图 1-4-7　稳压管两端电压波形

（2）用示波器观察 BT33F 的 E 脚电压波形并记录在图 1-4-8 中。

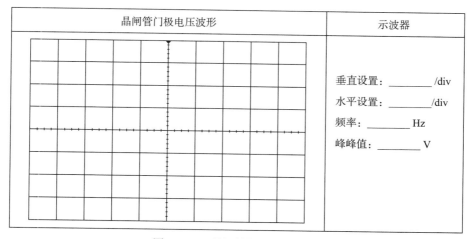

BT33F的E脚电压波形	示波器
	垂直设置：_____ /div
	水平设置：_____ /div
	频率：_____ Hz
	峰峰值：_____ V

图 1-4-8　BT33F 的 E 脚电压波形

（3）用示波器观察晶闸管门极电压波形并记录在图 1-4-9 中。

晶闸管门极电压波形	示波器
	垂直设置：_____ /div
	水平设置：_____ /div
	频率：_____ Hz
	峰峰值：_____ V

图 1-4-9　晶闸管门极电压波形

（4）用示波器观察负载两端电压波形并记录在图 1-4-10 中。

五、任务评价

完成晶闸管可控整流电路项目后，按照表 1-4-2，在电路设计、PCB 设计、电路板组装、电路板功能等四个方面，对项目作品进行评价。

负载（灯泡）两端电压波形	示波器
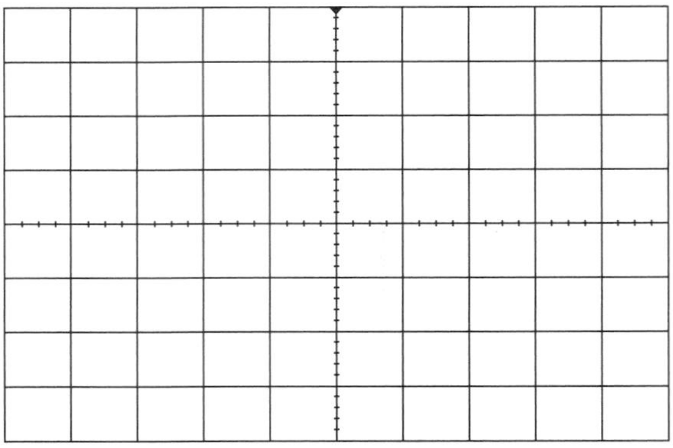	垂直设置：_____ /div 水平设置：_____ /div 频率：_____ Hz 峰峰值：_____ V

图 1-4-10　负载（灯泡）两端电压波形

表 1-4-2　　　　　　　　　　　　　任务评价表

评分项目	评分点	配分	学生自评	教师评价
电路设计 （30分）	晶闸管可控整流电路外围电阻器、电容器连接正确	15		
	晶闸管可控整流电路连接正确	15		
PCB 设计 （30分）	单面底层布线 PCB，尺寸不大于 115 mm×95 mm，在 PCB 图上标注尺寸正确	10		
	所有信号线宽不小于 11 mil，电源线的线宽不小于 12 mil，跳线不超过 5 处。线间安全距离不小于 11 mil	5		
	元器件布局：电源、灯泡相对参考位置如图 1-4-6 所示，自行布局其余元器件，完成布线	10		
	布线层（底层）实体接地敷铜，无网络死铜不删除	5		
电路板组装 （20分）	电阻器、电容器等元器件的焊接符合 IPC-A-610G 标准	8		
	线路板元器件焊接工艺符合 IPC-A-610G 标准	6		
	线路板元器件组装工艺符合 IPC-A-610G 标准	6		
电路板功能 （20分）	电容器两端充放电波形正确	4		
	晶闸管门极触发脉冲正确	4		
	小灯泡亮度可调	4		
	电压调整范围大	4		
	负载两端波形正确	4		
合计		100		

项目五
互补 OTL 功率放大器电路设计

一、学习目标

1. 根据互补 OTL（Output Transformerless）功率放大器电路功能和相关逻辑要求，合理设计电路和选择元器件。

2. 运用 Altium Designer 软件或 Eagle 软件设计及绘制互补 OTL 功率放大器电路原理图。

3. 根据互补 OTL 功率放大器电路原理图设计 PCB 线路。

4. 根据设计文件加工互补 OTL 功率放大器电路 PCB。

5. 根据电路板焊接工艺要求焊接互补 OTL 功率放大器电路并调试电路板功能，使产品正常运行。

二、项目描述

本项目是设计一个互补 OTL 功率放大器电路，其主要作用是给音响放大器的负载（扬声器）提供一定的输出功率。其由前置放大电路、功率放大电路和扬声器构成，如图 1-5-1 框图所示。互补 OTL 功率放大器电路设计包括电路原理图设计、电路 PCB 设计、电路板安装与调试三个任务。

图 1-5-1　互补 OTL 功率放大器电路原理框图

通常情况下，将输出端没有变压器的功率放大电路称为 OTL 电路。OTL 电路采用互补对称电路，经电容器输出，只要电容器选择合适，就能保证电路的频率特性。OTL 电路采用单电源供电，在电路的运行过程中，NPN 管和 PNP 管交替导通，将产生的交流电源供给扬声器。

三、知识准备

1. 三极管放大功能的本质是什么？

_____

_____

_____

_____

2. 功率放大的本质是什么？

_____

_____

_____

_____

3. 简述扬声器发声的原理。

_____

_____

_____

_____

_____

四、任务实施

任务一　互补 OTL 功率放大器电路原理图设计

1. 模块电路设计

设计 1　前置放大电路设计

电路设计要求：

（1）使用一个三极管 9011 设计一个前置放大电路，当输入为 30 mV、1 kHz 的正弦波时，输出为 600 mV、1 kHz 的正弦波。

（2）参考如图 1-5-1 所示的互补 OTL 功率放大器电路原理框图，根据电路要求及给出的部分电路元器件（见图 1-5-2）设计互补 OTL 功率放大器电路，仅能使用以下元器件。

可选元器件：一个三极管 9011，一个 470 Ω 可调电阻器，一个 3 kΩ 电阻器，两个 100 Ω 电阻器，一个 47 kΩ 电阻器，一个 5.1 kΩ 电阻器，一个 510 Ω 电阻器，两个 100 µF 电解电容器，两个 10 µF 电解电容器。连接线可用网络标号表示。

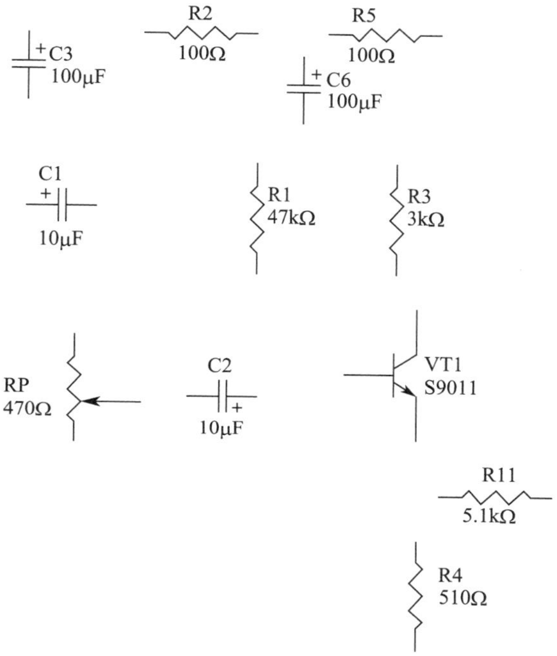

图 1-5-2　前置放大电路部分元器件

设计 2　互补 OTL 功率放大器电路设计

电路设计要求：

（1）使用三极管 9011、8050、8550 设计一个互补 OTL 功率放大器电路，可以使得前级音频信号经功率放大后驱动扬声器发声。

（2）参考如图 1-5-1 所示的互补 OTL 功率放大器电路原理框图，根据电路要求，利用一个三极管 9011，一个三极管 8050，一个三极管 8550，一个 680 Ω 电阻器，一个 4.7 kΩ 电阻器，一个 5.1 kΩ 电阻器，一个 220 Ω 电阻器，一个 100 kΩ 电阻器，两个 100 µF 电解电容器，两个 0.1 µF 瓷片电容器，两个 470 µF 电解电容器，一个扬声器，将图 1-5-3 所示的互补 OTL 功率放大器部分元器件连接完整，连接线可用网络标号表示。

2. 总硬件电路原理图

根据以上两部分模块电路，设计一个具有前置放大的互补 OTL 功率放大器电路，并完成硬件电路的完整电路图。互补 OTL 功率放大器电路完整元器件如图 1-5-4 所示。

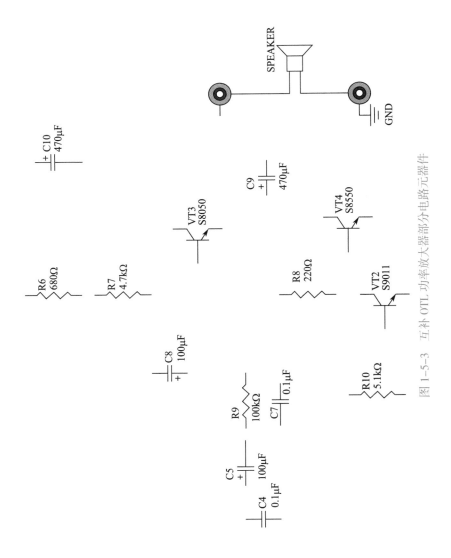

图 1-5-3 互补 OTL 功率放大器部分电路元器件

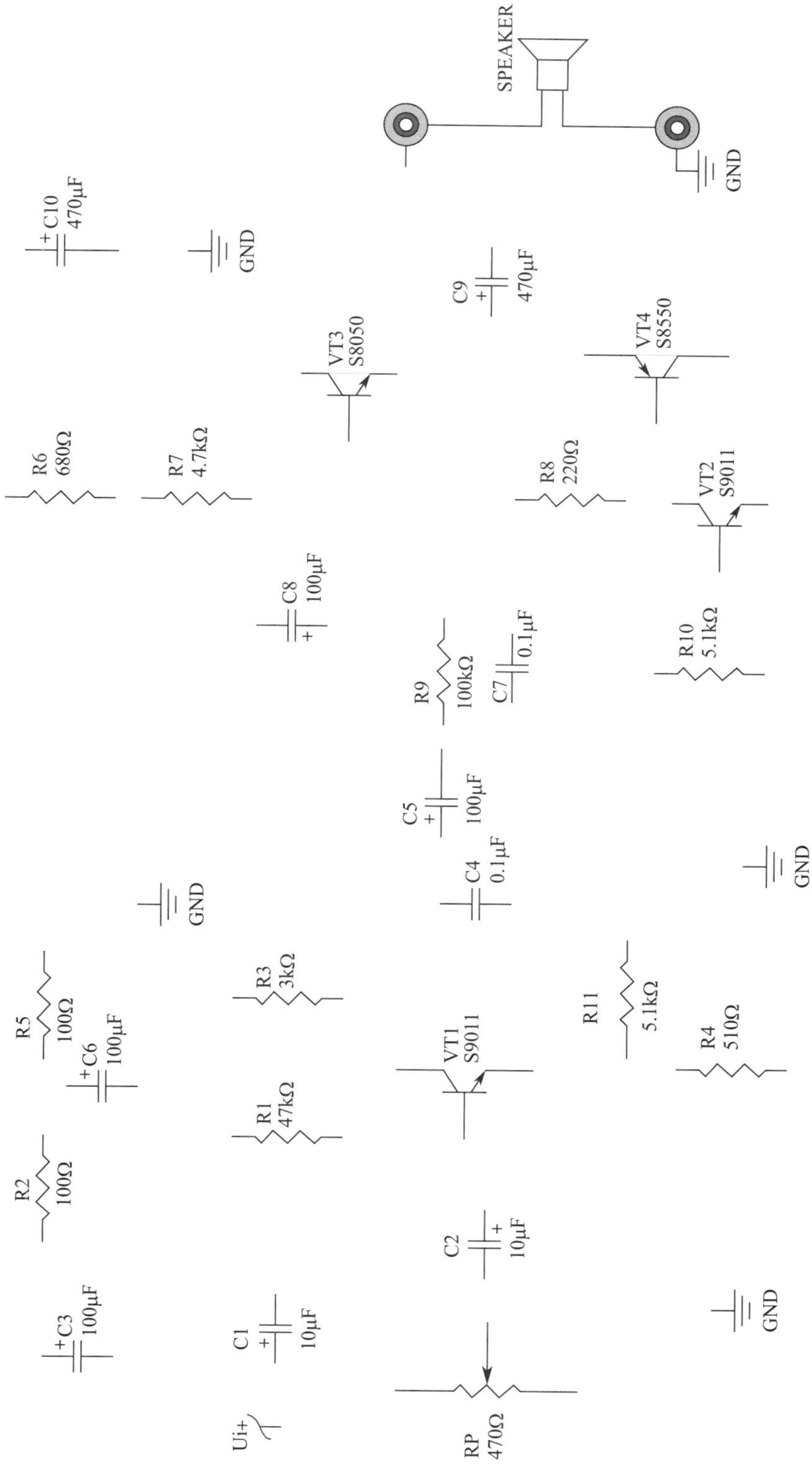

图1-5-4 互补OTL功率放大器电路完整元器件

3. 元器件清单

互补 OTL 功率放大器电路的元器件清单见表 1-5-1。

表 1-5-1　　　　　　　　　　互补 OTL 功率放大器电路设计元器件清单

序号	名称	规格型号	数量
1	插头芯	KT4BK9	4
2	台阶插座	K1A30，镀金	4
3	电路板测试针	test-1，黄色	12
4	发光二极管	ϕ 3 mm，红	1
5	金属膜电阻器	1/4 W，510 Ω，允许偏差 ±1%	1
6	金属膜电阻器	1/4 W，100 Ω，允许偏差 ±1%	2
7	金属膜电阻器	1/4 W，680 Ω，允许偏差 ±1%	1
8	金属膜电阻器	1/4 W，47 kΩ，允许偏差 ±1%	1
9	金属膜电阻器	1/4 W，5.1 kΩ，允许偏差 ±1%	2
10	金属膜电阻器	1/4 W，4.7 kΩ，允许偏差 ±1%	1
11	金属膜电阻器	1/4 W，3 kΩ，允许偏差 ±1%	1
12	金属膜电阻器	1/4 W，220 Ω，允许偏差 ±1%	1
13	金属膜电阻器	1/4 W，100 kΩ，允许偏差 ±1%	1
14	塑料旋钮	KYP16-16-4J，灰色	1
15	电位器	WH5-1A/470 Ω 轴端 ZS-3 型　16 mm	1
16	电解电容器	CD11-10 μF/25 V，允许偏差 ±10%	2
17	电解电容器	CD11-100 μF/25 V，允许偏差 ±10%	2
18	电解电容器	CD11-470 μF/25 V，允许偏差 ±20%	2
19	三极管	S8550	1
20	三极管	S8050	1
21	三极管	S9011	2
22	扬声器	0.5 W，8 Ω，ϕ 40 mm	1

任务二　互补 OTL 功率放大器电路 PCB 设计

1. PCB 设计要求

（1）单面底层布线 PCB，尺寸不大于 234 mm × 96 mm，在 PCB 图上标注尺寸。

（2）所有信号线宽不小于 11 mil，电源线的线宽不小于 12 mil，跳线不超过 5 处。线间安全距离不小于 11 mil。

（3）按图 1-5-4 完成元器件布局，电源、扬声器相对参考位置如图 1-5-5 所示，自行布局其余元件。

（4）必须按元器件清单中的元器件设计 PCB。

（5）布线层（底层）实体接地敷铜，对于无网络连接部分的死铜不需要删除，以提高雕刻机制板效率。

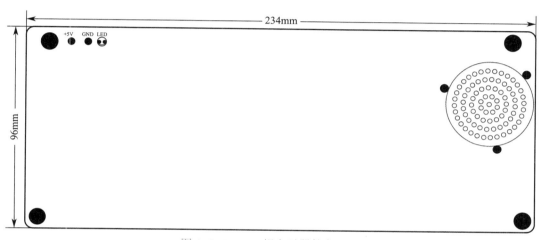

图 1-5-5 PCB 规定元器件布局图

2. 根据设计文件加工互补 OTL 功率放大器电路 PCB

依据绘制的 PCB 图，在雕刻机上制作电路板。制作完成后要与绘制的 PCB 图进行对比，使用万用表检查是否有断线、短路等现象，确保电路板制作无误，为安装与调试做好准备。

任务三 互补 OTL 功率放大器电路板安装与调试

1. 电路板焊接

（1）工艺要求

1）按照先低后高、先小后大的原则安排焊接顺序。

2）根据装配工艺要求，保证元器件装配的方向正确，并安装到位。

3）检查焊点质量，无漏焊，焊点大小应适中，表面圆润有光泽，无毛刺、挂锡、拉点、连焊、虚焊等缺陷。

在进行元器件焊接时，要按照《电子组件的可接受性》（IPC-A-610G）标准及要求进行操作，从而保证产品质量达到行业标准，好的焊接质量也可以略高于标准。

（2）电路焊接与安装

按照工艺要求完成电路焊接，焊接电路板实物参考图如图 1-5-6 所示。

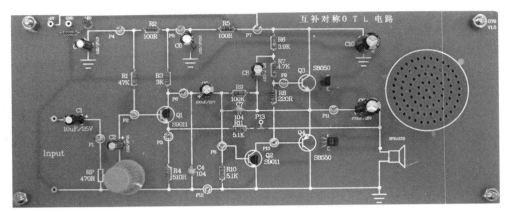

图 1-5-6　焊接电路板实物参考图

2. 电路调试

接通 OTL 功率放大器电路的 5 V 电源，调节其电路使得中点电位（互补对称输出点）为 $V_{CC}/2$。若不为 $V_{CC}/2$，则可调节 R9 或 R10。然后进行直流静态工作点最大不失真输出功率 P_{om} 的调试，并记录数据。

（1）直流静态工作点调试。

1）将输入端对地短路。

2）接通 OTL 功率放大器电路所需要的 5 V 电源。

3）调节电路使得中点电位为 2.5 V 左右。

4）分别测量各三极管偏置电压，并记录在表 1-5-2 中。

表 1-5-2　　　　　　　　　　　　静态工作点测量记录

三极管偏置电压	输入信号 U_i	VT1	VT2	VT3	VT4
U_b					
U_c					
U_e					

（2）最大不失真输出功率 P_{om}。

1）拆去输入端对地短路线。

2）接上 OTL 功率放大器电路所需的 5 V 电源。

3）在 U_i 点接入 $f = 1\ kHz$ 的 25 mV 正弦波信号，输出端 U_o 接 8 Ω、0.5 W 的负载。

4）用示波器观察波形是否正常，并在图 1-5-7 中记录最大不失真电压。

OTL最大不失真输出波形	示波器
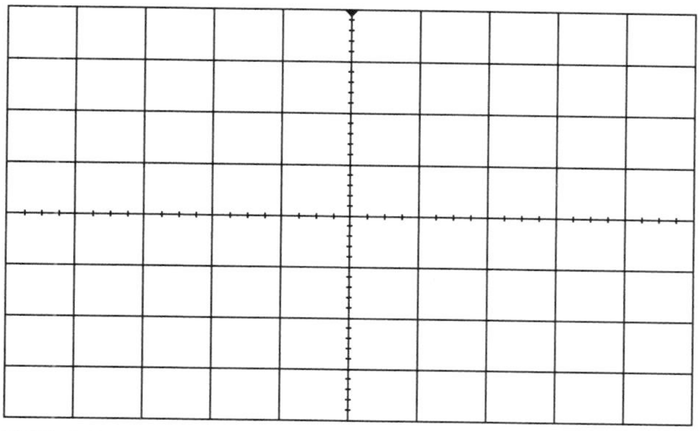	垂直设置：_____ /div 水平设置：_____ /div 频率：_____ Hz 峰峰值：_____ V

图 1-5-7　OTL 最大不失真波形记录

（3）用交流毫伏表测量 8 Ω、0.5 W 负载上的电压为_____。

五、任务评价

完成 OTL 功率放大器电路项目后，按照表 1-5-3，在电路设计、PCB 设计、电路板组装、电路板功能等四个方面，对项目作品进行评价。

表 1-5-3　　　　　　　　　　　　任务评价表

评分项目	评分点	配分	学生自评	教师评价
电路设计 （30分）	互补 OTL 功率放大器电路外围电阻器、电容器连接正确	15		
	互补 OTL 功率放大器电路连接正确	15		
PCB 设计 （30分）	单面底层布线 PCB，尺寸不大于 234 mm×96 mm，在 PCB 图上标注尺寸正确	10		
	所有信号线宽不小于 11 mil，电源线的线宽不小于 12 mil，跳线不超过 5 处。线间安全距离不小于 11 mil	5		
	元器件布局：电源、扬声器相对参考位置如图 1-5-5 所示，自行布局其余元器件，完成布线	10		
	布线层（底层）实体接地敷铜，无网络死铜不删除	5		
电路板组装 （20分）	电阻器、电容器、IC 等元器件的焊接符合 IPC-A-610G 标准	8		

续表

评分项目	评分点	配分	学生自评	教师评价
电路板组装 （20分）	线路板焊接工艺符合 IPC–A–610G 标准	6		
	线路板元器件组装工艺符合 IPC–A–610G 标准	6		
电路板功能 （20分）	OTL 电路功能正确	4		
	OTL 功率放大电路的静态工作点设置合适	8		
	OTL 功放的干扰信号小	8		
合计		100		

项目六
单端输入放大电路设计

一、学习目标

1. 根据单端输入放大电路功能和相关逻辑要求，合理设计电路和选择元器件。

2. 运用 Altium Designer 软件或 Eagle 软件设计并绘制单端输入放大电路原理图。

3. 根据单端输入放大电路原理图设计 PCB 线路。

4. 根据设计文件加工单端输入放大电路 PCB。

5. 根据电路板焊接工艺要求焊接单端输入放大电路并调试电路板功能，使产品正常运行。

二、项目描述

本项目是一个两级的单端输入放大电路，主要由信号输入电路、第一级放大电路，第二级放大电路和输出限幅电路构成，如图 1-6-1 框图所示。单端输入放大电路设计包括电路原理图设计、电路 PCB 设计、电路板安装与调试三个任务。

图 1-6-1　单端输入放大电路原理框图

集成运算放大器 UA741 是一个功率放大芯片，有"虚短"和"虚断"的内部特性。输入端采用二极管限幅，既可以保证输入信号不失真放大，也可以保证芯片不被损坏。输入信号 U_i 通过第一级反相比例运放可得到一个放大的反相信号，即 $U_{o1} = -A_{U1} \times U_i$，再经过第二级反相比例运放得到一个放大的同相信号，即 $U_{o2} = -A_{U1} \times U_i \times (-A_{U2}) = A_{U1}A_{U2} \times U_i$。经两级比例放大电路放大后，输入信号的放大倍数增大，且输出信号与输入信号相位相同。

三、知识准备

1. 简述"虚短"和"虚断"的概念。

_____

_____

_____

_____

2. 写出同相比例运放和反相比例运放的电压放大倍数计算公式。

_____

_____

_____

_____

3. 简述限幅的作用。

_____

_____

_____

_____

_____

四、任务实施

任务一　单端输入放大电路原理图设计

1. 模块电路设计

设计 1　第一级放大电路设计

电路设计要求：

（1）使用一片集成芯片 UA741 设计一个单端输入反相比例放大电路，使输入端具有输入限幅功能，电压放大倍数为 $A_{U1} = 10$。

（2）参考如图 1-6-1 所示的单端输入放大电路原理框图，根据电路要求及给出的部分电路元器件（见图 1-6-2）设计单端输入反相比例放大电路，仅能使用以下元器件。可选元器件：一个集成芯片 UA741，两个二极管 1N4148，三个 10 kΩ 电阻，一个 100 kΩ 可调电阻器，一个 10 kΩ 可调电阻器，一个 0.1 μF 独石电容器。连接线可用网络标号表示。

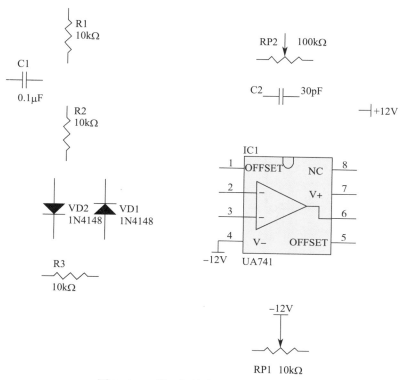

图 1-6-2　第一级放大电路部分元器件

设计 2　第二级放大电路设计

电路设计要求：

（1）用一片集成芯片 UA741 设计一个单端输入放大电路，使放大器的输出端电压 $U_{opp} \leqslant 10\ V$。

（2）参考如图 1-6-1 所示的单端输入放大电路原理框图，根据电路要求，使用一个集成芯片 UA741，两个二极管 1N4148，三个 10 kΩ 可调电阻器，一个 100 kΩ 可调电阻器，一个 30 pF 电容器，将图 1-6-3 所示的第二级放大电路部分元器件连接完整，连接线可用网络标号表示。

2. 总硬件电路原理图

根据以上两部分模块电路，设计一个单端输入两级放大电路，并完成硬件电路的完整电路图。单端输入放大电路完整元器件如图 1-6-4 所示。

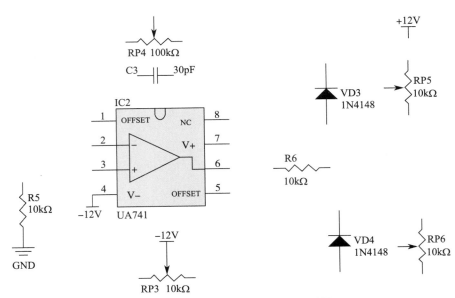

图 1-6-3　第二级放大电路部分元器件

3. 元器件清单

单端输入放大电路的元器件清单见表 1-6-1。

表 1-6-1　　　　　　　　　　　　单端输入放大电路设计元器件清单

序号	名称	规格型号	数量
1	金属膜电阻器	1/4 W，3 kΩ，允许偏差 ±1%，铜引线	1
2	金属膜电阻器	1/4 W，10 kΩ，允许偏差 ±1%，铜引线	5
3	金属膜电阻器	1/4 W，1 kΩ，允许偏差 ±1%，铜引线	1
4	单联电位器	WH148-1A-2，100 kΩ 轴端 18T L: 15 mm	2
5	单联电位器	WH148-1A-2，10 kΩ 轴端 18T L: 15 mm	4
6	独石电容器	30pF〔CT4-50（1±2%）V，脚距 5 mm〕	2
7	独石电容器	104〔CT4-50（1±10%）V，脚距 5 mm〕	1
8	集成芯片	UA741CP，DIP8	2
9	方孔 IC 插座	7.62×2.54 mm，DIP-8P	2
10	二极管	1N4148	4
11	发光二极管	ϕ 3 mm，红	1
12	台阶插座	K1A30，镀金	3
13	简易牛角座	DC3-8P/ 直针	1
14	金属旋钮	17-13-6，银白色	6
15	插头芯	KT4BK9	4

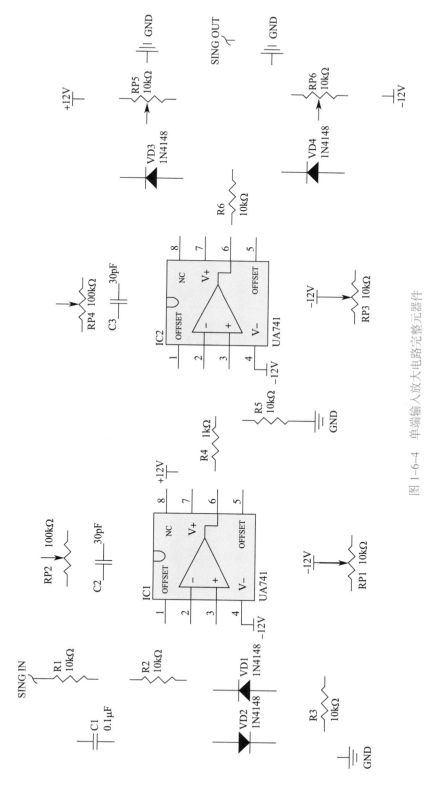

图 1-6-4　单端输入放大电路完整元器件

任务二　单端输入放大电路 PCB 设计

1. PCB 设计要求

（1）单面底层布线 PCB，尺寸不大于 115 mm×95 mm，在 PCB 图上标注尺寸。

（2）所有信号线宽不小于 11 mil，电源线的线宽不小于 12 mil，跳线不超过 5 处。线间安全距离不小于 11 mil。

（3）按图 1-6-4 完成元器件布局，电源、UA741、第一级 10 kΩ 可调电阻器相对位置如图 1-6-5 所示，自行布局其余元器件。

（4）必须按元器件清单中的元器件设计 PCB。

（5）布线层（底层）实体接地敷铜，对于无网络连接部分的死铜不需要删除，以提高雕刻机制板效率。

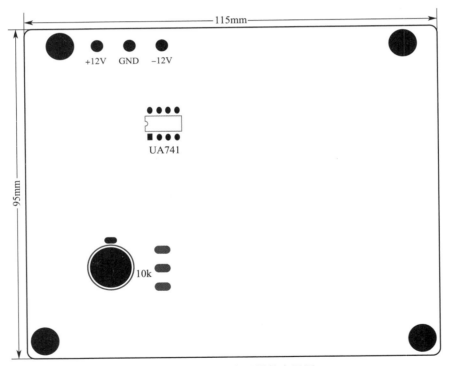

图 1-6-5　PCB 规定元器件布局图

2. 根据设计文件加工单端输入放大电路 PCB

依据绘制的 PCB 图，在雕刻机上制作电路板。电路板制作完成后要与绘制的 PCB 图进行对比，使用万用表检查是否有断线、短路等现象，确保电路板制作无误，为安装与调试做好准备。

1. 电路板焊接

（1）工艺要求

1）按照先低后高、先小后大的原则安排焊接顺序。

2）根据装配工艺要求，保证元器件装配的方向正确，并安装到位。

3）检查焊点质量，无漏焊，焊点大小应适中，表面圆润有光泽，无毛刺、挂锡、拉点、连焊、虚焊等缺陷。

在进行元器件焊接时，要按照《电子组件的可接受性》（IPC–A–610G）标准及要求进行操作，从而保证产品质量达到行业标准，好的焊接质量也可以略高于标准。

（2）电路焊接与安装

按照工艺要求完成电路焊接，焊接电路板实物参考图如图 1-6-6 所示。

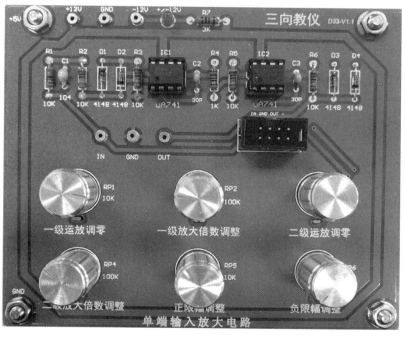

图 1-6-6　焊接电路板实物参考图

2. 电路调试

单端输入放大电路接通 ±12 V 电压，将第一级运放和第二级运放的放大倍数调整到最大，然后反复调节一级运放调零电位器，使 IC1 的 6 脚电压为零，再反复调节二级运放调零电位器，使 IC2 输出端（OUT）电压为零。

在信号 IN 端输入 100 mV 正弦波，信号正极接到模块输入端（IN），负极接到模块地（GND）；模块调节放大倍数至最大，调节正限幅电位器，用示波器测试输出波形上半部在 0 ~ 12 V 变化，输出波形下半部在 0 ~ 12 V 变化。

（1）在信号 IN 端输入 10 mV 正弦波，将第一级放大倍数逆时针调节至最大，用示波器测试 IC1 UA741 的 6 脚输出波形，并将数据记录在图 1-6-7 中。

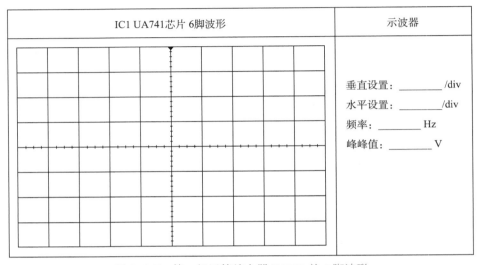

图 1-6-7 第一级运算放大器 UA741 的 6 脚波形

（2）将第二级放大倍数逆时针调节至最大，用示波器测试 IC2 UA741 的 6 脚输出波形，并将数据记录在图 1-6-8 中。

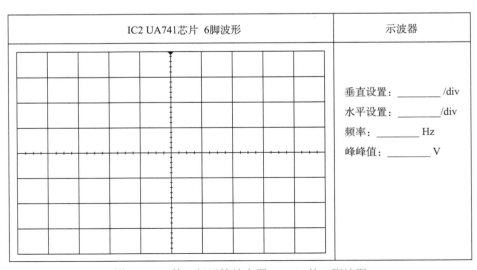

图 1-6-8 第二级运算放大器 UA741 的 6 脚波形

五、任务评价

完成单端输入放大电路项目后，按照表 1-6-2，在电路设计、PCB 设计、电路板组装、电路板功能等四个方面，对项目作品进行评价。

表 1-6-2 任务评价表

评分项目	评分点	配分	学生自评	教师评价
电路设计（30分）	单端输入放大电路外围电阻器、电容器连接正确	15		
	单端输入放大电路连接正确	15		
PCB 设计（30分）	单面底层布线 PCB，尺寸不大于 115 mm×95 mm，在 PCB 图上标注尺寸正确	10		
	所有信号线宽不小于 11 mil，电源线的线宽不小于 12 mil，跳线不超过 5 处。线间安全距离不小于 11 mil	5		
	元器件布局：电源、UA741、第一级 10 kΩ 可调电阻器相对位置如图 1-6-5 所示，自行布局其余元器件，完成布线	10		
	布线层（底层）实体接地敷铜，无网络死铜不删除	5		
电路板组装（20分）	电阻器、电容器、IC 等元器件的焊接符合 IPC-A-610G 标准	8		
	线路板焊接工艺符合 IPC-A-610G 标准	6		
	线路板元器件组装工艺符合 IPC-A-610G 标准	6		
电路板功能（20分）	电路功能正确	4		
	第一级放大电路输出波形正确	6		
	第二级放大电路输出波形正确	6		
	输入信号限幅正确 输出信号限幅正确	4		
合计		100		

项目七
集成运算放大电路设计

一、学习目标

1. 根据集成运算放大电路功能和相关逻辑要求，合理设计电路和选择元器件。

2. 运用 Altium Designer 软件或 Eagle 软件设计并绘制集成运算放大电路原理图。

3. 根据集成运算放大电路原理图设计 PCB 线路。

4. 根据设计文件加工集成运算放大电路 PCB。

5. 根据电路板焊接工艺要求焊接集成运算放大电路并调试电路板功能，使产品正常运行。

二、项目描述

集成运算放大电路是一种高性能的直接耦合放大器，主要用于对电路信号进行加法、减法、跟随、比较、微积分等数学运算，在自动控制技术、测量技术、仪器仪表等领域得到广泛应用。本项目由矩形波信号输出电路、三角波输出电路构成，如图 1-7-1 所示。集成运算放大电路设计包括电路原理图设计、电路 PCB 设计、电路板安装与调试三个任务。

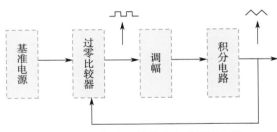

图 1-7-1　集成运算放大电路原理框图

本项目是利用集成芯片 LM324 搭建的一个三角波与矩形波产生电路，其中 LM324 芯片是带有差动输入的四运算放大器，具有差分输入功能，工作电压范围从 3 V 到 32 V。该电路先应用过零比较器产生一个矩形波，然后把信号通过积分电路进行处理得到三角波。

三、知识准备

1. 集成芯片 LM324 内部有几个放大器？哪几个引脚可以组成一个放大器？

2. 如何设计一个应用积分电路？

3. 如何设计一个应用过零比较器？

四、任务实施

任务一　集成运算放大电路原理图设计

1. 模块电路设计

设计 1　矩形波信号输出电路设计

电路设计要求：

（1）使用一片 LM324 芯片设计一个脉冲发生器，设计频率为 90 ~ 900 Hz 的矩形波信号输出电路，幅度可调，并确定各参数的值。

（2）参考如图 1-7-1 所示的集成运算放大电路原理框图，根据设计要求及给出的部分电路元器件（见图 1-7-2），用 LM324 设计一个矩形波振荡电路并且可以调节幅度。可选元器件：一片 LM324 芯片，一个 100 kΩ 电阻器，一个 10 kΩ 电阻器，两个 2 kΩ 电阻器，两个 2 kΩ 电位器，四个二极管 1N4148。连接线可用网络标号表示。

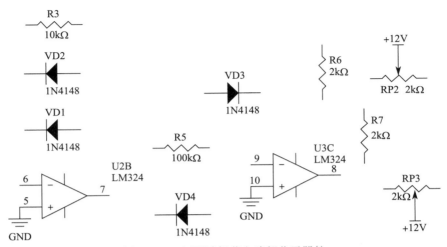

图 1-7-2　矩形波振荡电路部分元器件

设计 2　三角波输出电路设计

电路设计要求：

（1）用 LM324 构建积分电路，该电路的输入为方波，输出为三角波。

（2）参考如图 1-7-1 所示的集成运算放大电路原理框图，根据设计要求及给出的部分电路元器件（见图 1-7-3）设计一个三角波输出电路。使用同一片 LM324，一个 10 kΩ 电阻器，一个 2.2 kΩ 电阻器，两个 0 Ω 电阻器，一个 100 Ω 电阻器，一个 1 kΩ 电位器。连接线可用网络标号表示。

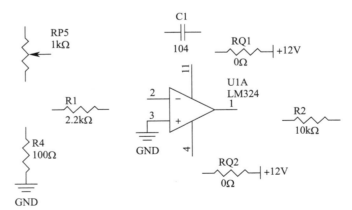

图 1-7-3　三角波输出电路部分元器件

2. 总硬件电路原理图

根据以上矩形波振荡电路和三角波输出电路，设计一个集成运算放大电路。完成硬件电路的完整元器件，如图 1-7-4 所示。

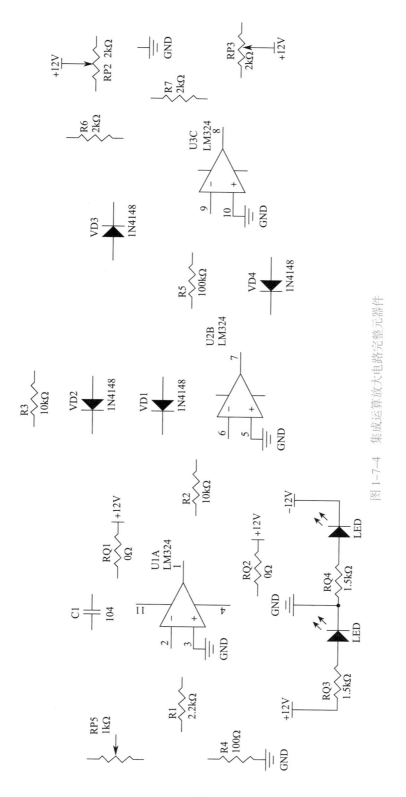

图 1-7-4 集成运算放大电路完整元器件

3. 元器件清单

集成运算放大电路设计元器件清单见表 1-7-1。

表 1-7-1　　　　　　　　　　集成运算放大电路设计元器件清单

序号	名称	型号	数量
1	集成芯片	LM324 封装 DIP-14	1
2	电容器	104［CT4-50（1±10%）V，脚距 5 mm］	1
3	WH148 单联电位器	10 kΩ	1
4	金属膜电阻器	2.2 kΩ，1/4 W	1
5	金属膜电阻器	10 kΩ，1/4 W	2
6	金属膜电阻器	100 kΩ，1/4 W	1
7	金属膜电阻器	100 Ω，1/4 W	1
8	金属膜电阻器	2 kΩ，1/4 W	2
9	金属膜电阻器	0 Ω，1/4 W	2
10	金属膜电阻器	1.5 kΩ，1/4 W	2
11	电位器	2 kΩ	2
12	电位器	1 kΩ	1
13	二极管	1N4148	4
14	LED 灯泡	ϕ 3 mm	2
15	电源接口	KF301-3P	1
16	电路板测试针	test-1，黄色	6

任务二　三角波与方波的电路 PCB 设计

1. 设计要求

（1）单面底层布线 PCB，尺寸不大于 115 mm×95 mm，在 PCB 图上标注尺寸。

（2）所有信号线宽不小于 11 mil，电源线的线宽不小于 12 mil，跳线不超过 5 处。线间安全距离不小于 11 mil。

（3）按图 1-7-4 完成元器件的布局，LM324 芯片、电源、LED 灯泡的相对参考位置如图 1-7-5 所示，自行布局其余元器件。

（4）必须按元器件清单中的元器件设计 PCB。

（5）布线层（底层）实体接地敷铜，对于无网络连接部分的死铜不需要删除，以提高雕刻机制板效率。

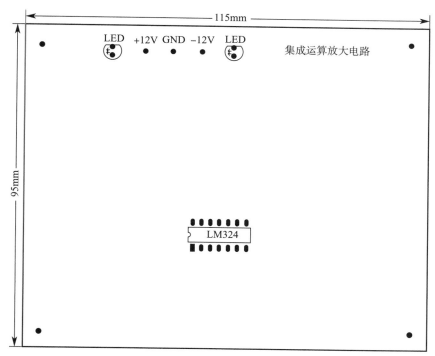

图 1-7-5 PCB 规定元器件布局图

2. 根据设计文件加工集成运算放大电路 PCB

依据绘制的 PCB 图，在雕刻机上制作电路板。电路板制作完成后要与绘制的 PCB 图进行对比，使用万用表检查是否有断线、短路等现象，确保电路板制作无误，为安装与调试做好准备。

任务三　集成运算放大电路板安装与调试

1. 电路板焊接

（1）工艺要求

1）按照先低后高，先小后大的原则安排焊接顺序。

2）根据装配工艺要求，保证元器件装配的方向正确，并安装到位。

3）检查焊点质量，无漏焊，焊点大小应适中，表面圆润有光泽，无毛刺、挂锡、拉点、连焊、虚焊等缺陷。

在进行元器件焊接时，要按照《电子组件可接受性》（IPC-A-610G）标准及要求进行操作，从而保证产品质量达到行业标准，好的焊接质量也可以略高于标准。

（2）电路焊接与安装

按照工艺要求完成电路焊接，焊接电路板实物参考图如图 1-7-6 所示。

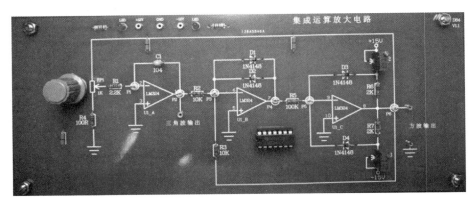

图 1-7-6　焊接电路板实物参考图

2. 电路调试

（1）在图 1-7-6 所示的电路板上连接电源，确认极性连接无误后开启稳压电源开关。用示波器测试测试点 P6，观察是否有方波输出；分别调节 RP2 和 RP3，观察方波的幅度是否变化。用示波器测试测试点 P2，有三角波输出，然后调节 RP1，三角波的输出频率有变化。此时若调节 RP2 和 RP3，三角波的幅度也会变化，用示波器观察 LM324 芯片 1 脚波形并记录在图 1-7-7 中。

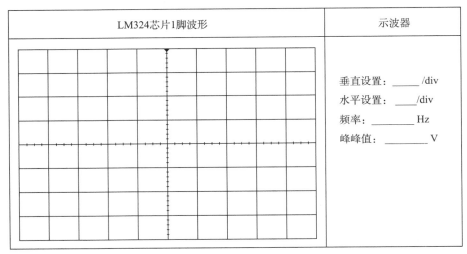

LM324芯片1脚波形	示波器
	垂直设置：_____/div 水平设置：____/div 频率：_____Hz 峰峰值：_____V

图 1-7-7　LM324 芯片 1 脚波形图

（2）用示波器观察 LM324 芯片 8 脚波形并记录在图 1-7-8 中。

LM324芯片8脚波形	示波器

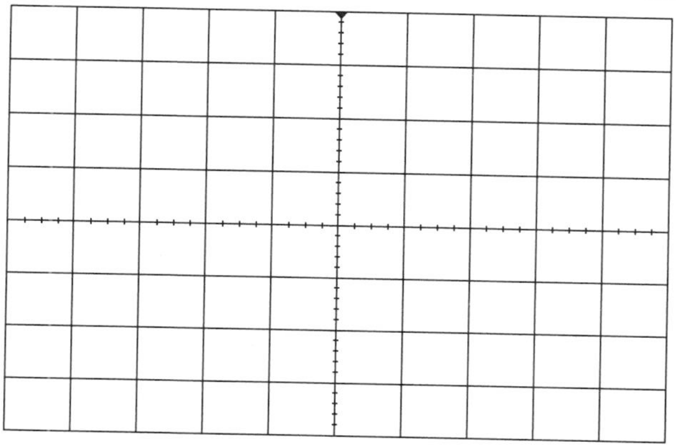

垂直设置：_____ /div
水平设置：_____ /div
频率：_____ Hz
峰峰值：_____ V

图 1-7-8　LM324 芯片 8 脚波形图

五、任务评价

完成集成运算放大电路项目后，按照表 1-7-2，在电路设计、PCB 设计、电路板组装、电路板功能等四个方面，对项目作品进行评价。

表 1-7-2　　　　　　　　　　　任务评价表

评分项目	评分点	配分	自我评价	教师评价
电路设计（30分）	LM324 芯片的 1、2、3 脚外围电阻器、电容器连接正确	10		
	LM324 芯片的 5、6、7 脚外围电阻器、电容器连接正确	10		
	LM324 芯片的 8、9、10 脚外围电阻器、电容器连接正确	10		
PCB 设计（30分）	单面底层布线 PCB，尺寸不大于 115 mm × 95 mm，在 PCB 图上标注尺寸正确	10		
	所有信号线宽不小于 11 mil，电源线的线宽不小于 12 mil，跳线不超过 5 处。线间安全距离不小于 11 mil	5		
	元器件布局：LM324 芯片相对参考位置如图 1-7-5 所示，自行布局其余元器件，完成布线	10		
	布线层（底层）实体接地敷铜，无网络死铜不删除	5		

评分项目	评分点	配分	自我评价	教师评价
电路板组装 （20分）	电阻器、电容器、IC 等元器件的焊接符合 IPC-A-610G 标准	8		
	线路板焊接工艺符合 IPC-A-610G 标准	6		
	线路板元器件组装工艺符合 IPC-A-610G 标准	6		
电路板功能 （20分）	调节电位器 RP1，测试点 P2 三角波输出频率有变化	4		
	LM324 芯片 1 脚波形正确	8		
	LM324 芯片 8 脚波形正确	8		
合计		100		

项目八
RC 桥式振荡电路设计

一、学习目标

1. 根据 RC 桥式振荡电路的功能和相关逻辑要求，合理设计电路和选择元器件。
2. 运用 Altium Designer 软件或 Eagle 软件设计并绘制 RC 桥式振荡电路原理图。
3. 根据 RC 桥式振荡电路原理图设计 PCB 线路。
4. 根据设计文件加工 RC 桥式振荡电路 PCB。
5. 根据电路板焊接工艺要求焊接 RC 桥式振荡电路并调试电路板功能，使产品正常运行。

二、项目描述

本项目是一个 RC 桥式振荡电路，该电路是指用电阻 R、电容 C 组成选频网络的振荡电路，一般用来产生 1 Hz ~ 1 MHz 频率的信号。RC 振荡电路由放大电路、正反馈电路和选频电路组成，常见的 RC 振荡电路有 RC 相移振荡电路和 RC 桥式振荡电路，本项目的电路为 RC 桥式振荡电路，电路原理框图如图 1-8-1 所示。RC 桥式振荡电路设计包括电路原理图设计、电路 PCB 设计、电路板安装与调试三个任务。

图 1-8-1　RC 桥式振荡电路原理框图

振荡反馈放大电路若能同时满足自激振荡的幅度和相位平衡条件，将产生振荡。调节负反馈电位器 R_f，可改变输出端输出波形的频率。该电路的输出波形频率 $f = \dfrac{1}{2\pi R_1 C_1}$。

三、知识准备

1. 产生自激振荡的条件有哪些？

_____

_____

_____

_____

2. 画出正弦波振荡电路的组成框图，简述每个组成部分的作用。

_____

_____

_____

_____

3. 简述文氏电桥振荡电路的特点及用途。

_____

_____

_____

_____

四、任务实施

任务一　RC 桥式振荡电路原理图设计

1. 模块电路设计

设计 1　共发射极放大电路设计

电路设计要求：

（1）使用一个三极管 3DG6 设计一个带交流和直流负反馈的共发射极放大电路。

（2）参考如图 1-8-1 所示的 RC 桥式振荡电路原理框图，根据电路要求及给出的部分电路元器件（见图 1-8-2）设计第一级放大电路，仅能使用以下元器件。可选元器件：一个三极管 3DG6，一个 1 MΩ 电阻器，一个 6.2 kΩ 电阻器，一个 220 Ω 电阻器，一个 510 Ω 电阻器，一个 22 μF 电解电容器。连接线可用网络标号表示，电源电压为 +5 V。

设计 2　第二级放大电路设计

电路设计要求：

（1）使用一个三极管 3DG6 设计一个带交流和直流负反馈的共发射极放大电路。

（2）参考如图 1-8-1 所示的 RC 桥式振荡电路原理框图，根据电路要求及给出的部分电路元器件（见图 1-8-3），设计第二级放大电路，仅能使用以下元器件。可选元器件：一个三极管 3DG6，一个 100 kΩ 电阻器，一个 1 kΩ 电阻器，一个 30 kΩ 电阻器，一个 470 Ω 电阻器，一个 0.33 μF 独石电容器，一个 22 μF 铝电解电容器。连接线可用网络标号表示，电源电压为 +5 V。

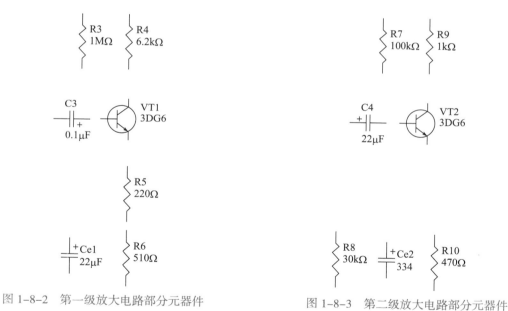

图 1-8-2　第一级放大电路部分元器件　　　图 1-8-3　第二级放大电路部分元器件

设计 3　桥式振荡电路设计

电路设计要求：

（1）使用可用元器件设计可输出频率为 160 Hz 的方波桥式振荡电路。

（2）参考如图 1-8-1 所示的 RC 桥式振荡电路原理框图，在设计 1、设计 2 的基础上，根据电路要求及给出的桥式振荡电路部分元器件（见图 1-8-4）设计反馈回路及选频电路。可选元器件除设计 1、设计 2 中使用的元器件外，还有：两个 10 kΩ 电阻器，一个 10 kΩ

电位器，一个 22 μF 电解电容器，一个 0.1 μF 独石电容器。连接线可用网络标号表示，电源电压为 +5 V。

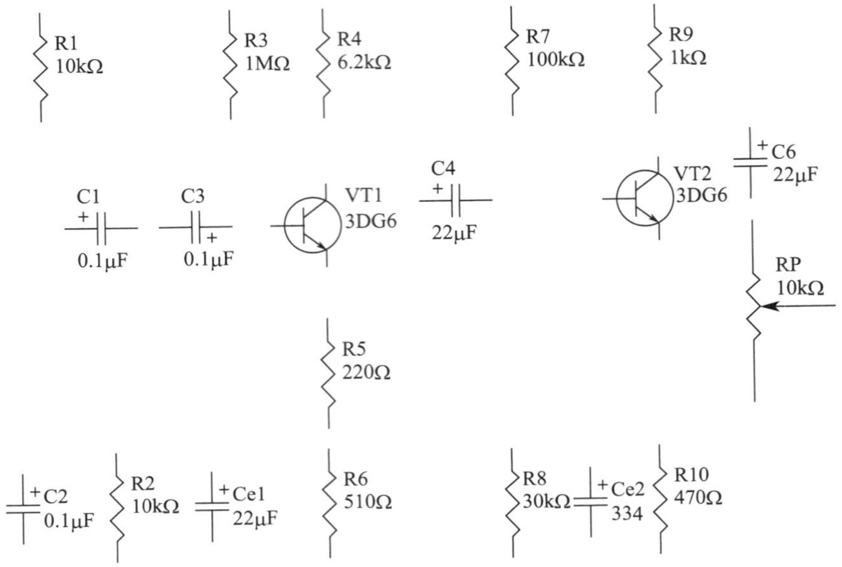

图 1-8-4　方波电路部分元器件

2. 硬件电路原理图（总电路图）

完成 RC 桥式振荡电路硬件电路的完整电路图，如图 1-8-5 所示。

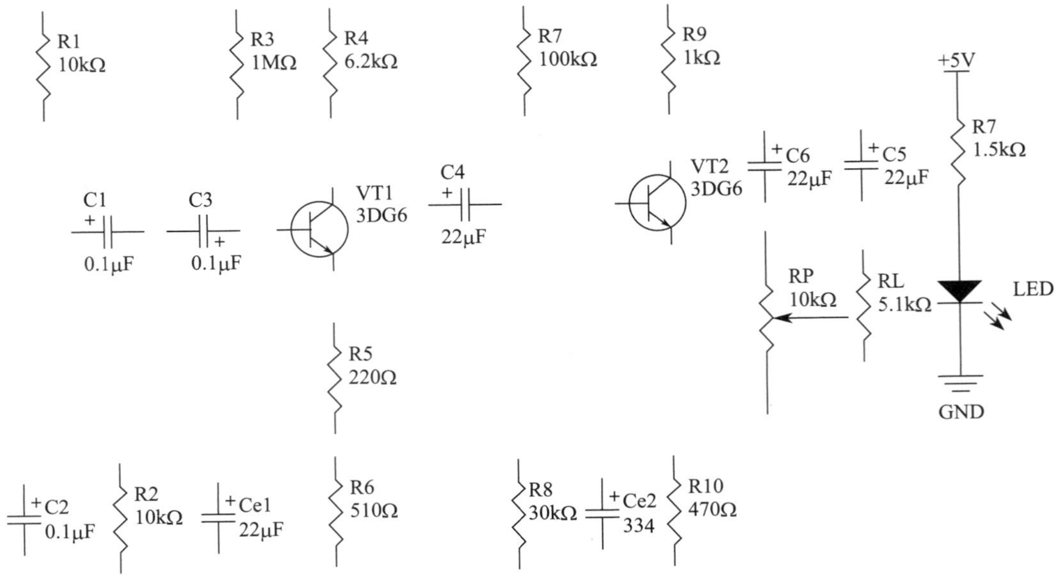

图 1-8-5　RC 桥式振荡电路完整元器件

3. 元器件清单

RC 桥式振荡电路设计元器件清单见表 1-8-1。

表 1-8-1　　　　　　　　　　RC 桥式振荡电路设计元器件清单

序号	名称	规格参数	数量
1	插头芯	KT4BK9	4
2	台阶插座	K1A30，镀金	4
3	电路板测试针	test-1，黄色	10
4	发光二极管	ϕ 3 mm，红	1
5	金属膜电阻器	1/4 W，510 Ω，允许偏差 ±1%，铜引线	2
6	金属膜电阻器	1/4 W，220 Ω，允许偏差 ±1%，铜引线	1
7	金属膜电阻器	1/4 W，470 Ω，允许偏差 ±1%，铜引线	1
8	金属膜电阻器	1/4 W，1 kΩ，允许偏差 ±1%，铜引线	1
9	金属膜电阻器	1/4 W，5.1 kΩ，允许偏差 ±1%，铜引线	1
10	金属膜电阻器	1/4 W，6.2 kΩ，允许偏差 ±1%，铜引线	1
11	金属膜电阻器	1/4 W，10 kΩ，允许偏差 ±1%，铜引线	3
12	金属膜电阻器	1/4 W，100 kΩ，允许偏差 ±1%，铜引线	1
13	金属膜电阻器	1/4 W，1 MΩ，允许偏差 ±1%，铜引线	1
14	金属膜电阻器	1/4 W，30 kΩ，允许偏差 ±1%，铜引线	1
15	独石电容器	104〔CT4-50（1±10%）V，脚距 5 mm〕	2
16	独石电容器	334〔CT4-50 V（1±10%）V，脚距 5 mm〕	1
17	电解电容器	CD11-22 μF/25（1±20%）V，铜引线	5
18	三极管	3DG6B	2
19	精密可调电阻器	3296（103），10 kΩ	1

任务二　RC 桥式振荡电路 PCB 设计

1. PCB 设计要求

（1）单面底层布线 PCB，尺寸不大于 100 mm × 90 mm，在 PCB 板图上标注尺寸。

（2）所有信号线宽不小于 11 mil，电源线的线宽不小于 12 mil，跳线不超过 5 处，线间安全距离不小于 11 mil。

（3）按图 1-8-6 完成三极管和电位器的布局，自行布局其余元器件。

（4）必须按元器件清单中的元器件设计 PCB。

（5）布线层（底层）实体接地敷铜，对于无网络连接部分的死铜不需要删除，以提高雕刻机制板效率。

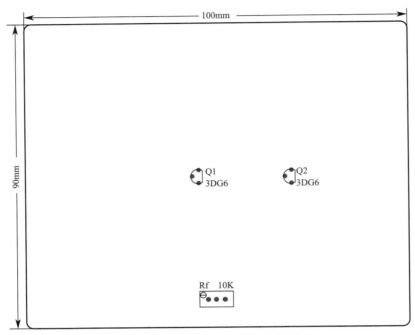

图 1-8-6　PCB 规定元器件布局图

2. 根据设计文件加工 RC 桥式振荡电路 PCB

依据绘制的 PCB 图，在雕刻机上制作电路板。电路板制作完成后要与绘制的 PCB 图进行对比，使用万用表检查是否有断线、短路等现象，确保电路板制作无误，为安装与调试做好准备。

任务三　RC 桥式振荡电路板安装与调试

1. 电路板焊接

（1）工艺要求

1）按照先低后高、先小后大的原则安排焊接顺序。

2）根据装配工艺要求，保证元器件装配的方向正确，并安装到位。

3）检查焊点质量，无漏焊，焊点大小应适中，表面圆润有光泽，无毛刺、挂锡、拉点、连焊、虚焊等缺陷。

在进行元器件焊接时，要按照《电子组件可接受性》（IPC-A-610G）标准及要求进行操作，从而保证产品质量达到行业标准，好的焊接质量也可以略高于标准。

（2）电路焊接与安装

按照工艺要求完成电路焊接，焊接电路板实物参考图如图 1-8-7 所示。

图 1-8-7 焊接电路板实物参考图

2. 电路调试

（1）静态工作点测试

在环境温度低于 30℃、环境相对湿度小于 80% 的条件下，使用直流稳压源、信号发生器、双踪示波器、频率计、万用表等仪器、设备按照下面的步骤进行功能和参数的测量，将测量结果记录在相应的表格内。

1）接上振荡电路模块所需要的电源（+5 V 稳压电源）。

2）用万用表测量三极管各引脚对地电压并记录在表 1-8-2 中。

表 1-8-2 　　　　　　　　　　RC 振荡电路静态工作点测试记录表

对地电压	U_{c1}	U_{c2}	U_{e1}	U_{e2}	U_{b1}	U_{b2}
测量值（V）						

（2）正弦波频率及幅值的测量

1）接上振荡电路模块所需要的电源（+5 V 稳压电源）。

2）调节负反馈电位器 RP，调整出输出稳定的正弦波，用示波器观察输出波形并记录在图 1-8-8 中。

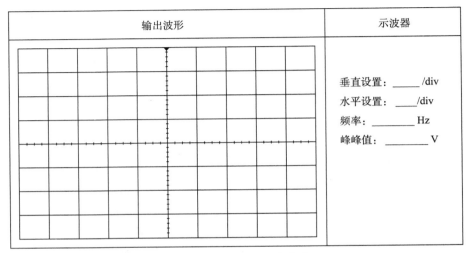

输出波形	示波器
	垂直设置：_____ /div 水平设置：____ /div 频率：_____ Hz 峰峰值：_____ V

图 1-8-8　输出正弦波波形

五、任务评价

完成 RC 桥式振荡电路项目后，按照表 1-8-3，在电路设计、PCB 设计、电路板组装、电路板功能等四个方面，对项目作品进行评价。

表 1-8-3　　　　　　　　　　　任务评价表

评分项目	评分点	配分	学生自评	教师评价
电路设计 （30分）	第一级放大电路连接正确	10		
	第二级放大电路连接正确	10		
	反馈与选频电路连接正确	10		
PCB 设计 （30分）	单面底层布线 PCB，尺寸不大于 100 mm×90 mm，在 PCB 图上标注尺寸正确	10		
	所有信号线宽不小于 11 mil，电源线的线宽不小于 12 mil，跳线不超过 5 处。线间安全距离不小于 11 mil	5		
	元器件布局：三极管和电位器相对参考位置正确，布线正确合理	10		
	布线层（底层）实体接地敷铜，无网络死铜不删除	5		

评分项目	评分点	配分	学生自评	教师评价
电路板组装 （20分）	电阻器、电容器、IC 等元器件的焊接符合 IPC-A-610G 标准	8		
	线路板焊接工艺符合 IPC-A-610G 标准	6		
	线路板元器件组装工艺符合 IPC-A-610G 标准	6		
电路板功能 （20分）	第一级放大电路静态工作点正确	5		
	第二级放大电路静态工作点正确	5		
	输出波形正确	10		
合计		100		

项目九
直流可调稳压电源电路设计

一、学习目标

1. 根据直流可调稳压电源电路的功能和相关逻辑要求，合理设计电路和选择元器件。

2. 运用 Altium Designer 软件或 Eagle 软件设计并绘制直流可调稳压电源电路原理图。

3. 根据直流可调稳压电源电路原理图设计 PCB 线路。

4. 根据设计文件加工直流可调稳压电源电路 PCB。

5. 根据电路板焊接工艺要求焊接直流可调稳压电源电路并调试电路板功能，使产品正常运行。

二、项目描述

本项目是一个直流可调稳压电源电路，该电路由三端集成可调稳压器 LM317 进行输出电压的调整，同时电路设置了过压保护电路和过流、短路保护电路，可设置过压保护值和过流保护值以控制输出电压和电流。该电路设计的输出电压范围为：1.25 ~ 26.25 V。

电路原理框图如图 1-9-1 所示。直流可调稳压电源电路设计包括电路原理图设计、电路 PCB 设计、电路板安装与调试三个任务。

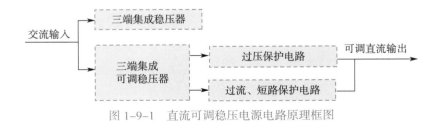

图 1-9-1　直流可调稳压电源电路原理框图

三、知识准备

1. 直流稳压电源由哪几部分组成？

_____

_____

_____

2. 线性直流稳压电路有哪些特点？

_____

_____

_____

_____

3. 线性串联型稳压电路由哪几部分组成？

_____

_____

_____

_____

四、任务实施

任务一 直流可调稳压电源电路原理图设计

1. 模块电路设计

设计 1 直流可调稳压电源电路设计

电路设计要求：

（1）使用一片 LM317 芯片设计一个直流可调稳压电路，该电路带输入输出防反接保护和输出极性防反接保护，输出电压范围为直流 1.25 ~ 26.25 V，带输出滤波电路。

（2）参考图 1-9-1 所示的直流可调稳压电源电路原理框图，根据电路要求及给出的部分电路元器件（见图 1-9-2）设计直流可调稳压电源电路，仅能使用以下元器件。可选元器件：一片 LM317，一个二极管 1N4007，一个 250 Ω 电阻器，一个 5 kΩ 电位器，一个 220 μF 电解电容器，一个 0.1 μF 独石电容器。连接线可用网络标号表示，交流 12 V 电压经过全波桥式整流和电容滤波后作为本电路的输入电压。

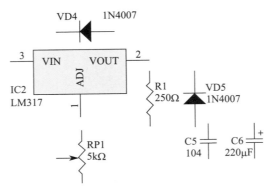

图 1-9-2　直流可调稳压电源电路部分元器件

设计 2　过压保护电路设计

电路设计要求：

（1）使用一片 LM358 和相应元器件设计过压保护电路，保护电压下限为 8.3 V，可通过调节电位器设置输出电压的上限值，当输出电压超出设置上限时，保护继电器动作，断开电压输出，要求当过压保护电路启动时有指示灯指示。

（2）参考图 1-9-1 所示的直流可调稳压电源电路原理框图，根据电路要求及给出的部分电路元器件（见图 1-9-3）设计过压保护电路，仅能使用以下元器件。可选元器件：一片 LM358，一个 1 kΩ 电阻器，一个 5.1 kΩ 电阻器，一个 10 kΩ 电阻器，一个 2 kΩ 电阻器，一个 1.2 kΩ 电阻器，一个 10 kΩ 电位器，一个三极管 9013，一个 12 V 直流继电器，一个二极管 1N4007，一个发光二极管，一个 4.7 μF 电解电容器。连接线可用网络标号表示，电源电压为 +12 V。

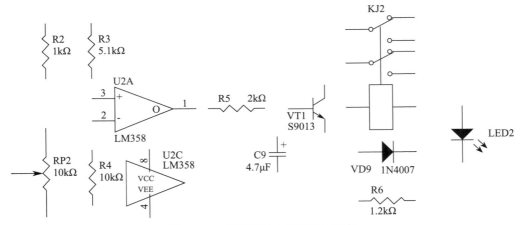

图 1-9-3　过压保护电路部分元器件

设计 3　过流保护电路设计

电路设计要求：

（1）使用可用元器件设计过流和短路保护电路，要求当负载电流超过 30 mA 时启动过流保护电路，保护继电器动作，断开电压输出，要求当过流保护电路启动时有指示灯指示。

（2）参考图 1-9-1 所示的直流可调稳压电源电路原理框图，根据电路要求及给出的部分电路元器件（见图 1-9-4）设计过流和短路保护电路。可使用如下元器件：一片 LM358，一个 1 kΩ 电阻器，一个 2 kΩ 电阻器，一个 10 kΩ 电阻器，一个 0.1 Ω 电阻器，一个 1.2 kΩ 电阻器，一个 100 kΩ 电位器，一个三极管 9013，一个 12 V 直流继电器，一个二极管 1N4007，一个发光二极管，一个 4.7 μF 电解电容器。连接线可用网络标号表示，电源电压为 +12 V。

2. 硬件电路原理图（总电路图）

完成直流可调稳压电源电路硬件电路的完整电路图，如图 1-9-5 所示。

3. 元器件清单

直流可调稳压电源电路设计元器件清单见表 1-9-1。

任务二　直流可调稳压电源电路 PCB 设计

1. PCB 设计要求

（1）单面底层布线 PCB，尺寸不大于 115 mm × 95 mm，在 PCB 图上标注尺寸。

（2）所有信号线宽不小于 11 mil，电源线的线宽不小于 12 mil，跳线不超过 5 处。线间安全距离不小于 11 mil。

（3）按图 1-9-6 完成三极管和电位器的布局，自行布局其余元器件。

（4）必须按元器件清单中的元器件设计 PCB。

（5）布线层（底层）实体接地敷铜，对于无网络连接部分的死铜不需要删除，以提高雕刻机制板效率。

2. 根据设计文件加工直流可调稳压电源电路 PCB

依据绘制的 PCB 图，在雕刻机上制作电路板。电路板制作完成后要与绘制的 PCB 图进行对比，使用万用表检查是否有断线、短路等现象，确保电路板制作无误，为安装与调试做好准备。

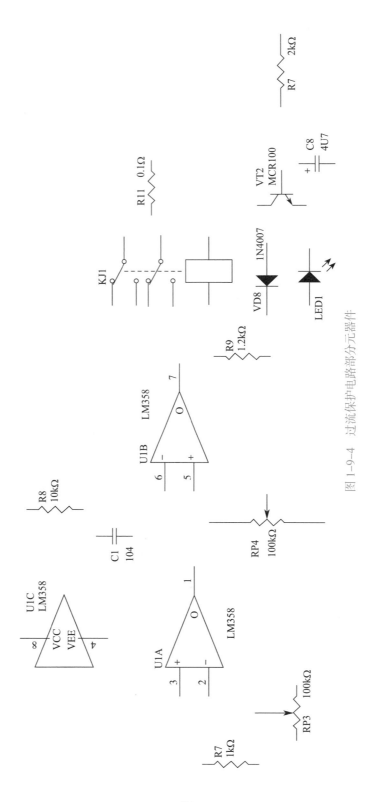

图 1-9-4 过流保护电路部分元器件

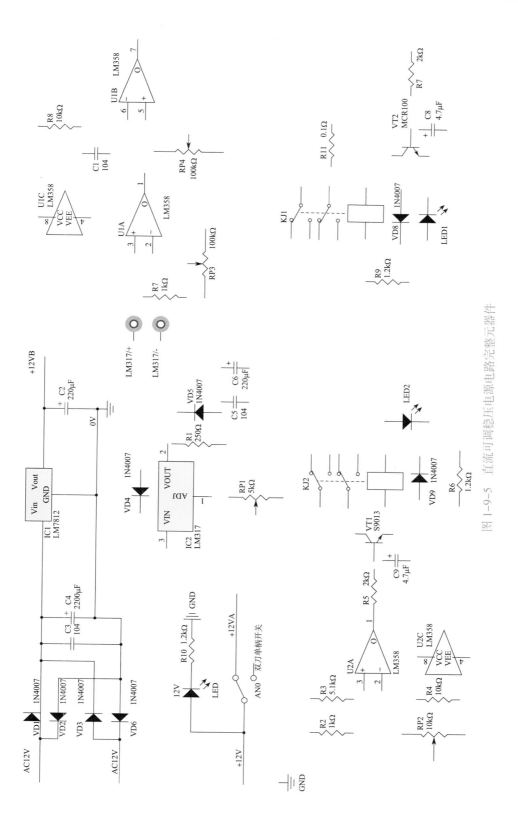

图1-9-5　直流可调稳压电源电路完整元器件

表 1-9-1　　　　　　　　　　　直流可调稳压电源电路电路设计元器件清单

序号	名称	规格参数	数量
1	金属膜电阻器	1/4 W，240 Ω，允许偏差 ±1%，铜引线	1
2	金属膜电阻器	1/4 W，1 kΩ，允许偏差 ±1%，铜引线	2
3	金属膜电阻器	1/4 W，1.2 kΩ，允许偏差 ±1%，铜引线	3
4	金属膜电阻器	1/4 W，2 kΩ，允许偏差 ±1%，铜引线	2
5	金属膜电阻器	1/4 W，5.1 kΩ，允许偏差 ±1%，铜引线	1
6	金属膜电阻器	1/4 W，10 kΩ，允许偏差 ±1%，铜引线	2
7	精密可调电阻器	3296（103），10 kΩ	1
8	精密可调电阻器	3296（104），100 kΩ	2
9	精密可调电阻器	3296（502），5 kΩ	1
10	电解电容器	CD11-4.7 μF/25（1±10%）V，铜引线	2
11	电解电容器	CD11-220 μF/25（1±20%）V，铜引线	2
12	电解电容器	CD11-2200 μF/25（1±10%）V，铜引线	1
13	独石电容器	104〔CT4-50（1±10%）V，脚距 5 mm〕	4
14	集成块	LM358P　DIP8	2
15	三端稳压管	LM7812C　TO-220	1
16	方孔 IC 插座	7.62 mm×2.54 mm，DIP-8P	2
17	三极管	LM317T	1
18	三极管	S9013	1
19	晶闸管	MCR100-8	1
20	二极管	1N4007　2CP15	8
21	发光二极管	φ3 mm，红	3
22	台阶插座	K1A30，镀金	12
23	继电器	HK19F-DC12V-SHG 8T	2
24	简易牛角座	DC3-8P/直针	1
25	十字槽盘头螺钉	GB/T 818 M3 mm×8 mm，不锈钢	1
26	1 型六角螺母	GB/T 6170 M4 mm，不锈钢	4
27	带针铝散热片	25mm（高）×24mm（长）×16mm（宽），黑，针距 18 mm	1
28	插头芯	KT4BK9	4

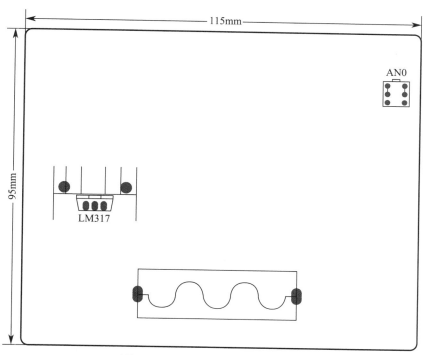

图 1-9-6　PCB 规定元器件布局图

任务三　直流可调稳压电源电路板安装与调试

1. 电路板焊接

（1）工艺要求

1）按照先低后高、先小后大的原则安排焊接顺序。

2）根据装配工艺要求，保证元器件装配的方向正确，并安装到位。

3）检查焊点质量，无漏焊，焊点大小应适中，表面圆润有光泽，无毛刺、挂锡、拉点、连焊、虚焊等缺陷。

在进行元器件焊接时，要按照《电子组件的可接受性》（IPC-A-610G）标准及要求进行操作，从而保证产品质量达到行业标准，好的焊接质量也可以略高于标准。

（2）电路焊接与安装

按照工艺要求完成电路焊接，焊接电路板实物参考图如图 1-9-7 所示。

2. 电路调试

（1）LM317 输出电压测试

在环境温度低于 30℃、环境相对湿度小于 80% 的条件下，使用直流稳压源、信号发生器、双踪示波器、频率计、万用表等仪器、设备按照下面的步骤进行功能和参数的测量，

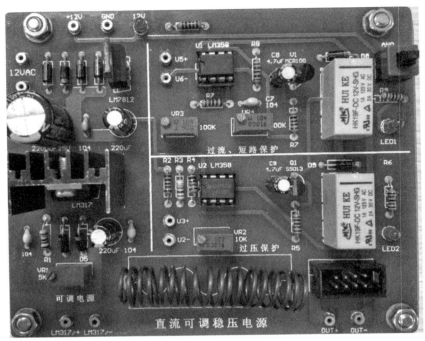

图 1-9-7　焊接电路板实物参考图

将测量结果记录在相应的表格内。

1）接通 12 V 交流电源。

2）调节电位器 RP1，用直流电压表测量 LM317/+、LM317/- 端电压，测量 5 组数据并记录在表 1-9-2 中，必须记录最大值和最小值。

表 1-9-2　　　　　　　　　　　　　　LM317 输出电压记录表

序号	1（min）	2	3	4	5（max）
测量值（V）					

（2）过压保护电路的测试

1）接通 +12 V 直流电源、12 V 交流电源。

2）调节电位器 RP2，使 U2 的 2 脚电压分别为 5 V、9 V、11 V。

3）对应步骤（1）调整 RP1 使 LM317 输出电压分别为表 1-9-3 中所列数值，测量输出电压值和过流指示状态并记录在表 1-9-3 中。

4）过压保护启动后，如需恢复输出电压须按 AN0 无锁按键 3 s，在排除过流的情况下输出电压可恢复。

表 1-9-3　　　　　　　　　　　　　过压保护电路测试记录表

U2-2 电压（V）	LM317 输出电压（V）	输出电压	过压指示
5	4		
	6		
9	8		
	10		
11	10		
	12		

（3）过流保护电路的测试

1）接通 +12 V 直流电源、12 V 交流电源。

2）调节电位器 RP4，使 U1 的 6 脚电压分别为 5 V、9 V、11 V，顺时针调节电位器 RP3，使电位器阻值至最大，U1 的 1 脚电压为 3.1 V。

3）OUT+、OUT– 端口接 100 Ω/10 W 负载，调整负载电阻使阻值逐渐减小，测量负载在不同阻值时的输出电压和过流保护指示状态并记录在表 1-9-4 中。

4）过流保护启动后，如需恢复输出电压须按无锁按键 AN0 3 s，在排除过流的情况下输出电压可恢复。

表 1-9-4　　　　　　　　　　　　　过流保护电路测试记录表

U1-6 电压（V）	电阻负载阻值（Ω）	输出电压	过压指示
5	100		
	50		
9	40		
	30		
11	20		
	5		

五、任务评价

完成直流可调稳压电源电路项目后，按照表 1-9-5，在电路设计、PCB 设计、电路板组装、电路板功能等四个方面，对项目作品进行评价。

表 1-9-5   任务评价表

评分项目	评分点	配分	学生自评	教师评价
电路设计 （30分）	LM317 电路连接正确	10		
	过压保护电路连接正确	10		
	过流保护电路连接正确	10		
PCB 设计 （30分）	单面底层布线 PCB，尺寸不大于 115 mm×95 mm，在 PCB 图上标注尺寸正确	10		
	所有信号线宽不小于 11 mil，电源线的线宽不小于 12 mil，跳线不超过 5 处。线间安全距离不小于 11 mil	5		
	元器件布局：电阻、LM317、按键相对参考位置正确，布线正确合理	10		
	布线层（底层）实体接地敷铜，无网络死铜不删除	5		
电路板组装 （20分）	电阻器、电容器、IC 等元器件的焊接符合 IPC-A-610G 标准	8		
	线路板焊接工艺符合 IPC-A-610G 标准	6		
	线路板元器件组装工艺符合 IPC-A-610G 标准	6		
电路板功能 （20分）	LM317 电路工作正常	8		
	过压保护电路工作正常	6		
	过流保护电路工作正常	6		
合计		100		

<h1 style="text-align:center">项目十
音频功率放大器设计</h1>

一、学习目标

1. 根据音频功率放大器电路功能和相关逻辑要求，合理设计电路和选择元器件。
2. 运用 Altium Designer 软件或 Eagle 软件设计并绘制音频功率放大器电路原理图。
3. 根据音频功率放大器原理图设计 PCB 线路。
4. 根据设计文件加工音频功率放大器 PCB。
5. 根据电路板焊接工艺要求焊接音频功率放大器并调试电路板功能，使产品正常运行。

二、项目描述

　　本项目是一个音频功率放大器电路，该电路可以将来自音源或前级放大器的弱信号放大，从而推动扬声器放声。该电路主要由音频信号输入电路、第一级放大电路和集成功率放大电路组成，原理框图如图 1-10-1 所示。音频功率放大器设计包括电路原理图设计、电路 PCB 设计、电路板安装与调试三个任务。

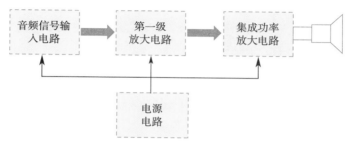

图 1-10-1　音频功率放大器原理框图

音频信号输入电路通过切换开关的转换将音乐芯片输出的音乐信号或者音频输入端子信号作为音频信号输入，第一级放大电路具有调零部分以克服零点漂移，第一级放大电路还具有音量调节功能。音频信号经过第一级放大后进入集成功率放大电路进行功率放大，再由扬声器输出。电源电路为系统提供直流 ±6 V 和 +5 V 电压。

第一级放大电路为由集成运算放大器构成的同相比例放大电路，第二级放大电路由集成音频功率放大芯片构成，放大电路的零点可通过第一级放大电路的电位器进行调节，第二级放大电路中的电位器可调节输出音量。

三、知识准备

1. 集成运算放大电路线性应用的两个基本特点是什么？

2. 集成运算放大器的线性应用可以构成哪几种典型应用电路？

3. 集成运算放大器的内部结构主要有哪几部分？

4. 集成运算放大器的主要参数有哪些？

5. 功率放大电路有哪些特点？

四、任务实施

任务一 音频功率放大器电路原理图设计

1. 模块电路设计

设计1 第一级放大电路设计

电路设计要求：

（1）使用一片 LM741 芯片设计一个具有调零电路的同相比例放大器，放大倍数为 21 倍，可通过调整输入信号的大小进行输出信号的调整。

（2）参考如图 1-10-1 所示的音频功率放大器原理框图，根据电路要求及给出的部分电路元器件（见图 1-10-2）设计第一级放大电路，仅能使用以下元器件。可选元器件：一片 LM741，一个 10 kΩ 电阻器，一个 200 kΩ 电阻器，一个 8.2 kΩ 电阻器，一个 50 kΩ 电位器，一个 100 kΩ 电位器，两个 100 µF 电解电容器。连接线可用网络标号表示。

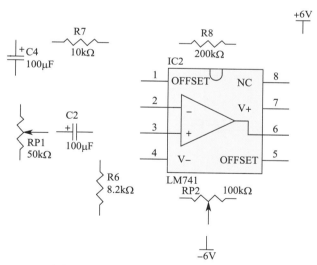

图 1-10-2 第一级放大电路部分元器件

设计2 第二级放大电路设计

电路设计要求：

（1）使用一片 TDA2030 芯片设计一个同相比例放大器，放大倍数为 11 倍，TDA2030 供电电压为 ±12 V。

（2）参考如图 1-10-1 所示的音频功率放大器原理框图，根据电路要求及给出的部分电路元器件（见图 1-10-3）设计集成功率放大电路。可使用一片 TDA2030 芯片，一个 2 kΩ 电阻器，两个 22 kΩ 电阻器，一个 22 μF 电解电容器。连接线可用网络标号表示。

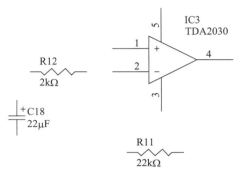

图 1-10-3　第二级放大电路部分元器件

设计 3　电源电路设计

电路设计要求：

（1）使用可用元器件设计在输入电压为直流 ±12 V 的条件下，可输出 +6 V、–6 V 和 +5 V 直流电压的电源电路。

（2）参考如图 1-10-1 所示的音频功率放大器原理框图，根据电路要求及给出的部分电路元器件（见图 1-10-4）设计电源电路，仅能使用以下元器件进行。可选元器件：一片 LM7806 芯片，一片 LM7906 芯片，两个 2 kΩ 电阻器，一个 100 Ω 电阻器，一个 5.1 V 稳压管，两个 2 200 μF 电解电容器，一个 220 μF 电解电容器，两个 330 nF 独石电容器，两个 1 μF 独石电容器。连接线可用网络标号表示。

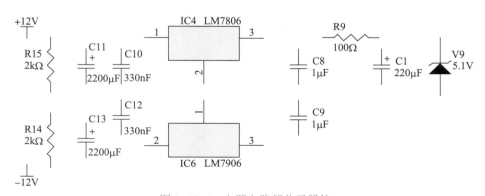

图 1-10-4　电源电路部分元器件

2. 总硬件电路原理图

完成音频功率放大器硬件电路的完整电路图，如图 1-10-5 所示。

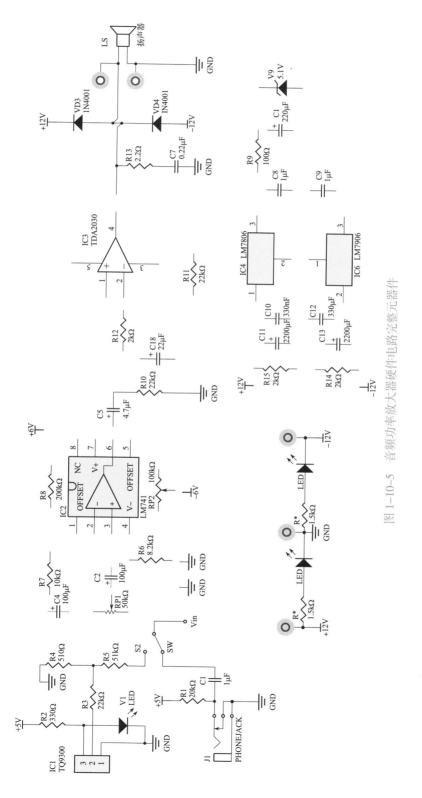

图 1-10-5 音频功率放大器硬件电路完整元器件

3. 元器件清单

音频功率放大器电路设计元器件清单见表1-10-1。

表 1-10-1　　　　　　　　　　音频功率放大器电路设计元器件清单

序号	名称	规格参数	数量
1	插头芯	KT4BK9	4
2	1型六角螺母	GB/T 6170 M4 mm，不锈钢	4
3	台阶插座	K1A30，镀金	3
4	电路板测试针	test-1，黄色	8
5	发光二极管	ϕ 3 mm，红	3
6	金属膜电阻器	1/4 W，1.5 kΩ，允许偏差 ±1%，铜引线	2
7	金属膜电阻器	1/4 W，2.2 Ω，允许偏差 ±1%，铜引线	1
8	金属膜电阻器	1/4 W，100 Ω，允许偏差 ±1%，铜引线	1
9	金属膜电阻器	1/4 W，330 Ω，允许偏差 ±1%，铜引线	1
10	金属膜电阻器	1/4 W，510 Ω，允许偏差 ±1%，铜引线	1
11	金属膜电阻器	1/4 W，2 kΩ，允许偏差 ±1%，铜引线	3
12	金属膜电阻器	1/4 W，8.2 kΩ，允许偏差 ±1%，铜引线	1
13	金属膜电阻器	1/4 W，10 kΩ，允许偏差 ±1%，铜引线	1
14	金属膜电阻器	1/4 W，20 kΩ，允许偏差 ±1%，铜引线	1
15	金属膜电阻器	1/4 W，22 kΩ，允许偏差 ±1%，铜引线	3
16	金属膜电阻器	1/4 W，51 kΩ，允许偏差 ±1%，铜引线	1
17	金属膜电阻器	1/4 W，100 kΩ，允许偏差 ±1%，铜引线	1
18	金属膜电阻器	1/4 W，200 kΩ，允许偏差 ±1%，铜引线	1
19	精密可调电阻器	3296/104/100 kΩ	1
20	精密可调电阻器	3296/503/50 kΩ	1
21	独石电容器	105［CT4-50（1±20%）V，脚距 5 mm］	2
22	独石电容器	224［CT4-50（1±10%）V，脚距 5 mm］	1
23	独石电容器	334［CT4-50（1±10%）V，脚距 5 mm］	2
24	电解电容器	CD11-1 μF/50（1±10%）V，铜引线	1
25	电解电容器	CD11-2.2 μF/50（1±10%）V，铜引线	1
26	电解电容器	CD11-4.7 μF/25（1±10%）V，铜引线	1
27	电解电容器	CD11-22 μF/25（1±20%）V，铜引线	1
28	电解电容器	CD11-100 μF/25（1±10%）V，铜引线	1

续表

序号	名称	规格参数	数量
29	电解电容器	CD11-220 μF/25（1±20%）V，铜引线	1
30	电解电容器	CD11-2 200 μF/35（1±20%）V，铜引线	2
31	二极管	1N4001	2
32	稳压二极管	1/2 W，5.1 V	1
33	插针	1×40 P	1
34	方孔 IC 插座	7.62 mm×2.54 mm，DIP-8P	1
35	集成芯片	LM741CN　DIP8	1
36	集成芯片	TDA2030A　TO-220	1
37	三端稳压管	LM7806C　TO-220	1
38	三端稳压管	LM7906C　TO-220	1
39	音乐芯片	LX9300	1
40	扬声器	0.5 W，8 Ω，ϕ40 mm	1
41	钮子开关	MTS-102	1
42	耳机插座	PJ-325	1

任务二　音频功率放大器电路 PCB 设计

1. PCB 设计要求

（1）单面底层布线 PCB，尺寸不大于 200 mm×100 mm，在 PCB 图上标注尺寸。

（2）所有信号线宽不小于 11 mil，电源线的线宽不小于 12 mil，跳线不超过 5 处。线间安全距离不小于 11 mil。

（3）按图 1-10-6 完成耳机插座、扬声器、钮子开关布局，自行布局其余元器件。

（4）必须按元器件清单中的元器件设计 PCB。

（5）布线层（底层）实体接地敷铜，对于无网络连接部分的死铜不需要删除，以提高雕刻机制板效率。

2. 根据设计文件加工音频功率放大器电路 PCB

依据绘制的 PCB 图，在雕刻机上制作电路板。电路板制作完成后要与绘制的 PCB 图进行对比，使用万用表检查是否有断线、短路等现象，确保电路板制作无误，为安装与调试做好准备。

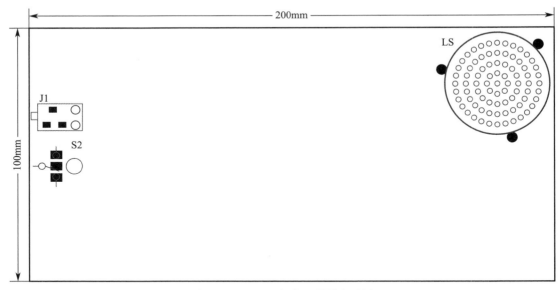

图 1-10-6　PCB 规定元器件布局图

1. 电路板焊接

（1）工艺要求

1）按照先低后高、先小后大的原则安排焊接顺序。

2）根据装配工艺要求，保证元器件装配的方向正确，并安装到位。

3）检查焊点质量，无漏焊，焊点大小应适中，表面圆润有光泽，无毛刺、挂锡、拉点、连焊、虚焊等缺陷。

在进行元器件焊接时，要按照《电子组件的可接受性》（IPC-A-610G）标准及要求进行操作，从而保证产品质量达到行业标准，好的焊接质量也可以略高于标准。

（2）电路焊接与安装

按照工艺要求完成电路焊接，焊接电路板实物参考图如图 1-10-7 所示。

2. 电路调试

（1）主要技术性能试验

在环境温度低于 30℃、环境相对湿度小于 80% 的条件下，使用直流稳压源、信号发生器、双踪示波器、频率计、万用表等仪器、设备按照下面的步骤进行功能和参数的测量，将测量结果记录在相应的表格内。

将运放调零与功放 TDA2030 零电位测试的测量结果记录在表 1-10-2 中。

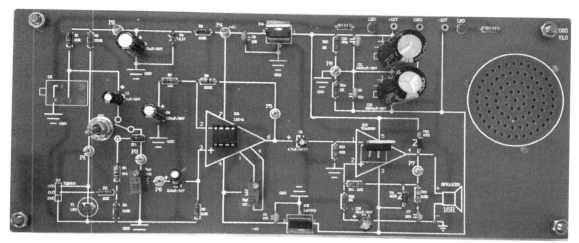

图 1-10-7　焊接电路板实物参考图

表 1-10-2　　　　　　　　运放调零与功放 TDA2030 零电位测试记录表

测量内容	+12 V 电压（V）	–12 V 电压（V）	IC2–6 电压（V）	IC3–4 电压（V）
测量值				

1）接上功率放大电路模块所需要的 ±12 V 电源。

2）将输入端音量电位器 RP1 逆时针调到最大，然后反复调试运放调零电位器 RP2，使 IC2 的 6 脚电压为零。

3）同时测试功放 TDA2030 的 4 脚（P7 位置）电压。

（2）正弦波及音乐切换输出测试

1）在功放 TDA2030 的 4 脚（P7 位置）接入 8 Ω 负载，同时连接示波器。

2）接上功率放大电路模块所需要的 ±12 V 电源。

3）断开 JP1 插座，在 P3 位置连接处接上 1 kHz/20 mV 正弦波，顺时针调节音量电位器 RP1，逐渐加大音量至最大。

4）利用示波器测量 P7（IC3–4）输出波形并记录在图 1-10-8 中。

5）断开 ±12 V 电源，连接 JP1 插座，上拨 S2 开关，焊上扬声器线，从耳机插座处接入音乐信号。

6）接上功率放大电路模块所需要的 ±12 V 电源。

7）测试播放声音是否正常并记录测试情况。

8）下拨 S2 开关，切换至音乐铃声信号，测试播放声音是否正常并记录测试情况。

P7（IC3-4）波形	示波器
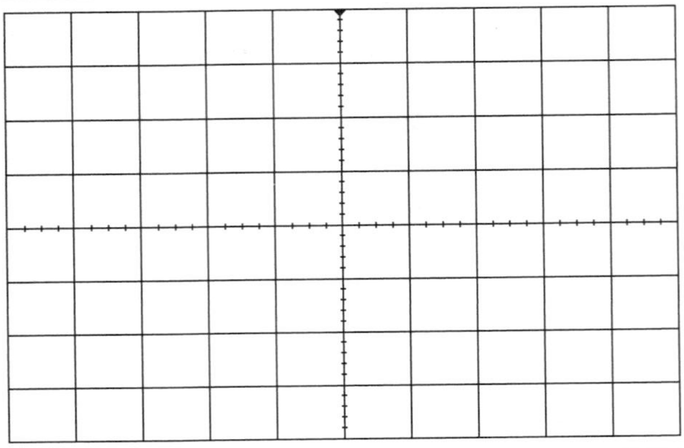	垂直设置：_____ /div 水平设置：_____ /div 频率：_____ Hz 峰峰值：_____ V

图 1-10-8　IC3-4 波形

五、任务评价

完成音频功率放大器电路项目后，按照表 1-10-3，在电路设计、PCB 设计、电路板组装、电路板功能等四个方面，对项目作品进行评价。

表 1-10-3　　　　　　　　　　　　　　　任务评价表

评分项目	评分点	配分	学生自评	教师评价
电路设计 （30分）	第一级放大电路连接正确	10		
	功率放大电路连接正确	10		
	电源电路连接正确	10		
PCB 设计 （30分）	单面底层布线 PCB，尺寸不大于 200 mm × 100 mm，在 PCB 图上标注尺寸正确	10		
	所有信号线宽不小于 11 mil，电源线的线宽不小于 12 mil，跳线不超过 5 处。线间安全距离不小于 11 mil	5		
	元器件布局：钮子开关、耳机插座、扬声器布局位置正确，布线正确合理	10		
	布线层（底层）实体接地敷铜，无网络死铜不删除	5		
电路板组装 （20分）	电阻器、电容器、IC 等元器件的焊接符合 IPC-A-610G 标准	8		
	线路板焊接工艺符合 IPC-A-610G 标准	6		
	线路板元器件组装工艺符合 IPC-A-610G 标准	6		

评分项目	评分点	配分	学生自评	教师评价
电路板功能 （20分）	调零和一级放大功能正确	8		
	调节电位器 RP1，输出音量有变化	4		
	TDA2030 输出波形正确	8		
合计		100		

模块二
数字电路设计

项目一
逻辑电平显示电路设计

一、学习目标

1. 根据逻辑电平显示电路的功能和相关逻辑要求，合理设计电路和选择元器件。
2. 运用 Altium Designer 软件或 Eagle 软件设计并绘制各模块及总硬件电路原理图。
3. 根据逻辑电平显示电路原理图设计 PCB 线路。
4. 根据设计文件加工逻辑电平显示电路 PCB。
5. 根据电路板焊接工艺要求焊接逻辑电平显示电路并调试电路板功能，使产品正常运行。

二、项目描述

本项目通过一组 LED 显示状态，实现对 16 路逻辑电平的测试。项目电路分别由输入接口电路、缓冲处理电路和 LED 显示电路等构成，如图 2-1-1 所示。逻辑电平显示电路设计包括电路原理图设计、电路 PCB 设计、电路板安装与调试三个任务。

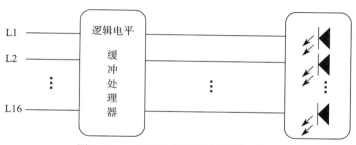

图 2-1-1　逻辑电平显示电路原理框图

逻辑电平缓冲处理器由输入端口、三态数据缓冲器 74LS245 等构成。74LS245 芯片内部集成 8 路双向数据缓冲器，由使能端和数据传输方向控制端组合实现双向传输的功能，每一个输出端分别连接一个 LED 作电平显示，16 个输入端的状态分别对应 16 个 LED。为配合单片机 I/O 电平检测用途，每 8 位输入端为一组配置一个 8 位牛角座。当输入端信号为低电平时，对应的 LED 点亮。

三、知识准备

1. 理解模拟信号与数字信号的特点，试举出生活中接触的若干个模拟信号和数字信号的例子，并填入下表。

模拟信号	1. _____ 2. _____ 3. _____ 4. _____
数字信号	1. _____ 2. _____ 3. _____ 4. _____

2. 思考基本 TTL 电路与 CMOS 电路的区别，并填写下表。

比较项目	TTL 电路	CMOS 电路
主要构成器件		
供电电压		
运行速度		
功耗		
输出高电平		
输出低电平		

3. 查阅资料，简要说明 74LS245 集成电路控制端 DIR 和 $\overline{G}$ 的功能。

_____

_____

_____

_____

四、任务实施

任务一　逻辑电平显示电路原理图设计

1. 模块电路设计

设计 1　8 通道逻辑电平显示电路设计

电路设计要求：

（1）使用一片三态数据缓冲器 74LS245 芯片设计一个 8 通道逻辑电平显示电路，供电电压为 5 V，输入低电平时 LED 点亮，注意 74LS245 控制端的接法。

（2）根据电路要求及给出的 8 通道逻辑电平显示电路部分元器件（见图 2-1-2）设计 8 通道逻辑电平显示电路，仅能选用以下元器件。可选元器件：一个 74LS245 芯片，八个 ϕ 5 mm LED，一个 10 Ω 排电阻，一个 330 Ω 排电阻，一个 0.1 μF 电容器，一个 8 位牛角座。连接线可用网络标号表示。

设计 2　16 通道逻辑电平显示电路设计

电路设计要求：

（1）在设计 1 的基础上，再增加一套 8 通道逻辑电平显示电路，形成 16 通道逻辑电平显示电路。

（2）根据电路要求，参考设计完成的 8 通道逻辑电平显示电路原理图，按给出的 16 通道逻辑电平显示电路元器件（参见图 2-1-3）设计 16 通道逻辑电平显示电路，仅能选用以下元器件。可选元器件：两个 74LS245 芯片，17 个 ϕ 5 mm LED，两个 10 kΩ 排电阻，两个 330 Ω 排电阻，一个 1.5 kΩ 电阻器，两个 0.1 μF 电容器，两个 8 位牛角座，18 个台阶插座。连接线可用网络标号表示。

2. 总硬件电路原理图

根据以上设计情况，完成硬件电路的完整电路图设计。逻辑电平显示电路元器件如图 2-1-3 所示。

3. 元器件清单

逻辑电平显示电路设计元器件清单见表 2-1-1。

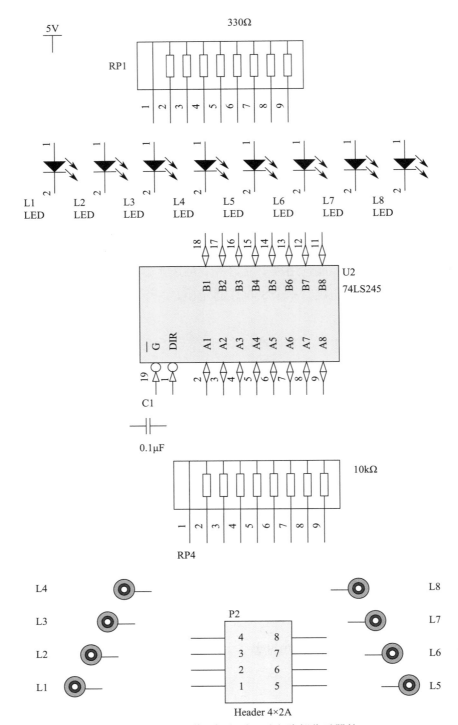

图 2-1-2　8 通道逻辑电平显示电路部分元器件

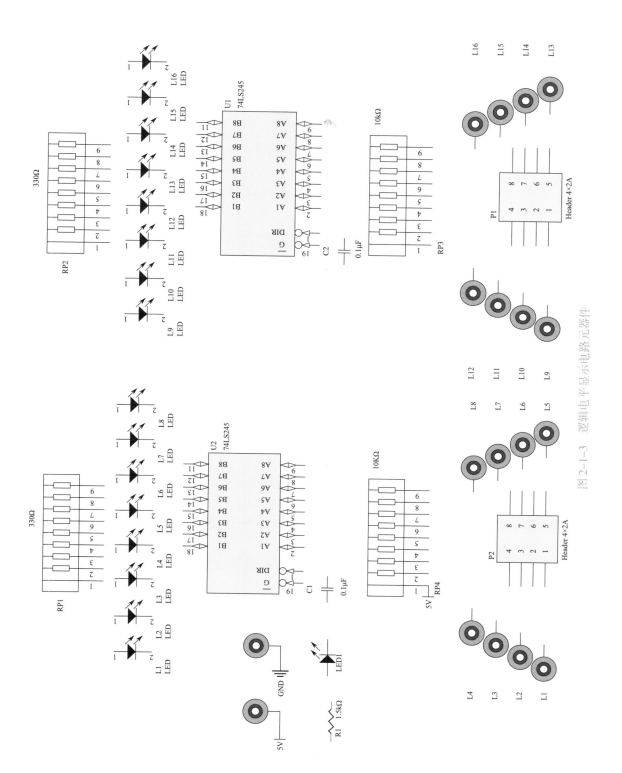

图 2-1-3 逻辑电平显示电路元器件

表 2-1-1 逻辑电平显示电路设计元器件清单

序号	名称	型号	数量
1	台阶插座	K1A30，镀金	18
2	金属膜电阻器	1/4 W，330 Ω，允许偏差 ±1%，铜引线	1
3	排电阻	330 Ω，A 型，9T	2
4	排电阻	10 kΩ，A 型，9T（103）	2
5	独石电容器	104［CT4-50（1±10%）V，脚距 5 mm］	2
6	集成芯片	HD74LS245P DIP20	2
7	方孔 IC 插座	7.62 mm × 2.54 mm，DIP-20P	2
8	发光二极管	ϕ 3 mm，红	1
9	发光二极管	ϕ 5 mm，黄	4
10	发光二极管	ϕ 5 mm，绿	4
11	发光二极管	ϕ 5 mm，红	4
12	发光二极管	ϕ 5 mm，透明发红光	4
13	简易牛角座	DC3-8P/ 直针	2
14	插头芯	KT4BK9	4

任务二 逻辑电平显示电路 PCB 设计

1. 设计要求

（1）单面底层布线 PCB，尺寸为 115 mm × 95 mm，在 PCB 图上标注尺寸。

（2）所有信号线宽不小于 11 mil，电源线的线宽不小于 12 mil，跳线不超过 3 处，线间安全距离不小于 11 mil。

（3）根据图 2-1-3 和表 2-1-1 完成元器件布局，LED1 ~ LED16、输入测试接口 L1 ~ L16 及外接电源正负接线端的参考位置如图 2-1-4 所示，自行完成其余元器件布局。

（4）必须按元器件清单中的元器件设计 PCB。

（5）布线层（底层）实体接地敷铜，对于无网络连接部分的死铜不需要删除，以提高雕刻机制板效率。

2. 根据设计文件加工逻辑电平显示电路 PCB

依据绘制的 PCB 图，在雕刻机上制作电路板。电路板制作完成后要与绘制的 PCB 图进行对比，使用万用表检查是否有断线、短路等现象，确保电路板制作无误，为安装与调试做好准备。

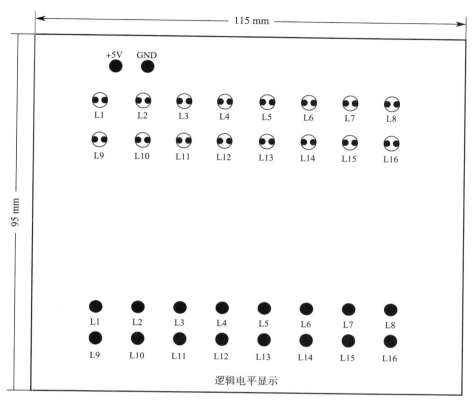

图 2-1-4　PCB 规定元器件布局图

1. 电路板焊接

（1）工艺要求

1）按照先低后高、先小后大的原则安排焊接顺序。

2）根据装配工艺要求，保证元器件的装配方向正确，并安装到位。

3）检查焊点质量，无漏焊，焊点大小应适中，表面圆润有光泽，无毛刺、挂锡、拉点、连焊、虚焊等缺陷。

在进行元器件焊接时，要按照《电子组件的可接受性》（IPC-A-610G）标准及要求进行操作，从而保证产品质量达到行业标准，好的焊接质量也可以略高于标准。

（2）电路焊接与安装

按照工艺要求完成电路焊接，焊接电路板实物参考图如图 2-1-5 所示。

图 2-1-5 焊接电路板实物参考图

2. 电路调试

（1）调试前准备

1）通电前测试

在未接入电源之前先查看焊点质量以及是否存在虚焊和漏焊，并按表 2-1-2 所列的内容进行检查，在表格中填写对应项目的"确认情况"。

表 2-1-2   通电前检查表

确认点	确认情况	确认点	确认情况
芯片 1 方向是否正确		芯片 2 方向是否正确	
LED1 方向是否正确		LED9 方向是否正确	
LED2 方向是否正确		LED10 方向是否正确	
LED3 方向是否正确		LED11 方向是否正确	
LED4 方向是否正确		LED12 方向是否正确	
LED5 方向是否正确		LED13 方向是否正确	
LED6 方向是否正确		LED14 方向是否正确	
LED7 方向是否正确		LED15 方向是否正确	

确认点	确认情况	确认点	确认情况
LED8 方向是否正确		LED16 方向是否正确	
电源端子是否正确		电源指示 LED 显示是否正确	
是否存在短路现象			

2）预通电测试

调节稳压电源，使之输出 5 V 电压并接入经上一步测试的电路。注意电源的正负极性。通电后按照表 2-1-3 所列的内容逐一进行确认。

表 2-1-3　　　　　　　　　　　　　预通电检查表

确认点	确认或测量情况
电源指示 LED 是否正常点亮	
测量电源电压	
测量静态工作电流	
芯片 1 是否发热	
芯片 2 是否发热	
LED1～LED16 是否出现误点亮的情况	

注意：检测时如果发现异常情况，请先断开电源，再重新检查。

（2）电路功能检查

完成上述测试后，依次将输入端接到低电平（接地），观察对应的 LED 是否会正常点亮，并将测试结果记录到表 2-1-4 中。

表 2-1-4　　　　　　　　　　　　　电路功能检查表

L1～L8 接低电平	LED1	LED2	LED3	LED4	LED5	LED6	LED7	LED8
对应 LED 是否点亮								
L9～L16 接低电平	LED9	LED10	LED11	LED12	LED13	LED14	LED15	LED16
对应 LED 是否点亮								

（3）电路功能应用

使用已制作完成的逻辑电平显示电路进行逻辑电平测试，观察测试结果。

五、任务评价

完成逻辑电平显示电路项目后，按照表 2-1-5，在电路设计、PCB 设计、电路板组装、电路板功能等四个方面，对项目作品进行评价。

表 2-1-5　　　　　　　　　　　　　　任务评价表

评分项目	评分点	配分	学生自评	教师评价
电路设计（30分）	L1～L8 逻辑电平显示电路连接正确，特别是元器件选择、电路连接正确	12		
	L9～L16 逻辑电平显示电路连接正确，特别是元器件选择、电路连接正确	12		
	电源指示电路的元器件选择与线路连接正确	6		
PCB 设计（30分）	单面底层布线 PCB，尺寸为 115 mm × 95 mm，在 PCB 图上标注尺寸正确	10		
	所有信号线宽不小于 11 mil，电源线的线宽不小于 12 mil，跳线不超过 3 处。线间安全距离不小于 11 mil	5		
	元器件布局：LED、测试端子 L1～L16 及外接电源正负接线端相对参考位置如图 2-1-4 所示，其余元器件及布线合理	10		
	布线层（底层）实体接地敷铜，无网络死铜不删除	5		
电路板组装（20分）	电阻器、电容器、芯片等元器件的焊接符合 IPC-A-610G 标准	8		
	线路板焊接工艺符合 IPC-A-610G 标准	6		
	线路板元器件组装工艺符合 IPC-A-610G 标准	6		
电路板功能（20分）	通电后电源指示 LED 正常工作	4		
	L1～L8 逻辑电平显示电路工作正常	8		
	L9～L16 逻辑电平显示电路工作正常	8		
合计		100		

项目二
逻辑电路设计

一、学习目标

1. 根据逻辑电路的功能和相关设计要求，合理设计电路和选择元器件。
2. 运用 Altium Designer 软件或 Eagle 软件设计并绘制逻辑电路原理图。
3. 根据逻辑电路原理图设计 PCB 线路。
4. 根据设计文件加工逻辑电路 PCB。
5. 根据电路板焊接工艺要求焊接逻辑电路并调试电路板功能，使产品正常运行。

二、项目描述

　　本项目设计电路由与非门电路、或门电路、异或门电路等分立电路构成，利用所给的逻辑电路设计三路表决器电路，使学生掌握基本逻辑电路的输入输出电压与逻辑关系，项目原理框图如图 2-2-1。逻辑电路设计包括电路原理图设计、电路 PCB 设计、电路板安装与调试三个任务。

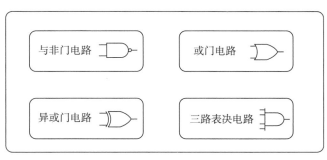

图 2-2-1　逻辑电路原理框图

三、知识准备

1. 三态门的三种输出状态分别是什么？

2. 请完成 CD4082 一组门电路真值表（表 2-2-1）的填写，并画出其逻辑符号与引脚图。

表 2-2-1　　CD4082 一组门电路真值表

A	B	C	D	输出

CD4082 逻辑符号

CD4082 引脚图

3. 请完成 CD4011 一组门电路真值表（表 2-2-2）的填写，并画出其逻辑符号与引脚图。

表 2-2-2　CD4011 一组门电路真值表

A	B	输出

CD4011 逻辑符号	CD4011 引脚图

4. 请完成 CD4071 一组门电路真值表（表 2-2-3）的填写，并画出其逻辑符号与引脚图。

表 2-2-3　CD4071 一组门电路真值表

A	B	输出

CD4071 逻辑符号	CD4071 引脚图

5. 请完成 CD4030 一组门电路真值表（表 2-2-4）的填写，并画出其逻辑符号与引脚图。

表 2-2-4　CD4030 一组门电路真值表

A	B	输出

CD4030 逻辑符号	CD4030 引脚图

四、任务实施

任务一　逻辑门电路原理图设计

1. 模块电路设计

逻辑门电路需根据设计要求完成四个电路设计。

设计 1　与非门电路设计

电路设计要求：

（1）使用上述芯片设计与非门功能电路，当逻辑输出为 1 时 LED 亮。

（2）根据电路要求及给出的部分电路元器件（见图 2-2-2）设计与非门功能电路，仅能使用以下元器件。可选元器件：一个 CD4011 芯片，一个 1 kΩ 电阻器，一个 LED，两个单刀双掷开关。连接线可用网络标号表示，电源电压为直流 5 V。

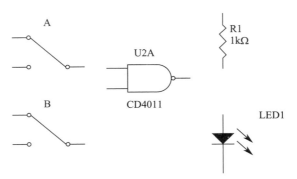

图 2-2-2　与非门电路部分元器件

设计 2　或门电路设计

电路设计要求：

（1）使用上述芯片设计或门功能电路，当逻辑输出为 1 时 LED 亮。

（2）根据电路要求及给出的部分电路元器件（见图 2-2-3）设计或门功能电路，仅能使用以下元器件。可选元器件：一个 CD4071 芯片，一个 1 kΩ 电阻器，一个 LED，两个单刀双掷开关。连接线可用网络标号表示，电源电压为直流 5 V。

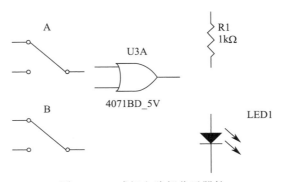

图 2-2-3　或门电路部分元器件

设计 3　异或门电路设计

电路设计要求：

（1）使用上述芯片设计异或门功能电路，当逻辑输出为 1 时 LED 亮。

（2）根据电路要求及给出的部分电路元器件（见图 2-2-4）设计异或门功能电路，仅能使用以下元器件。可选元器件：一个 CD4030 芯片，一个 1 kΩ 电阻器，一个 LED，两个单刀双掷开关。连接线可用网络标号表示，电源电压为直流 5 V。

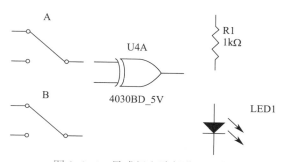

图 2-2-4　异或门电路部分元器件

设计 4　三路表决电路设计

电路设计要求：

（1）使用上述芯片设计三路表决电路，当两人或两人以上同意则 LED 亮。单刀双掷开关接高电平表示同意，接低电平表示不同意，LED 亮表示表决通过。

（2）根据电路要求及给出的部分电路元器件（见图 2-2-5）设计三路表决电路，仅能使用以下元器件。可选元器件：一个 CD4011 芯片，一个 CD4082 芯片，一个 CD4071 芯片，一个 1 kΩ 电阻器，一个 LED，三个单刀双掷开关。连接线可用网络标号表示，电源电压为直流 5 V。

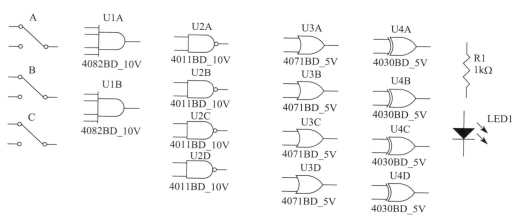

图 2-2-5　三路表决电路部分元器件

2. 元器件清单

逻辑门电路设计元器件清单见表 2-2-5。

表 2-2-5　　　　　　　　　　　　　逻辑门电路设计元器件清单

序号	名称	规格参数	数量
1	插头芯	KT4BK9	4
2	台阶插座	K1A30，镀金	30
3	电路板测试针	test-1，黄色	1
4	发光二极管	ϕ 3 mm，红	1
5	金属膜电阻器	1/4 W，510 Ω，允许偏差 ±1%，铜引线	1
6	集成芯片	CD4011BE　DIP14	1
7	集成芯片	CD4030BE　DIP14	1
8	集成芯片	CD4071BE　DIP14	1
9	集成芯片	CD4082BE　DIP14	1
10	方孔 IC 插座	7.62 mm × 2.54 mm，DIP-14P	4
11	钮子开关	单刀双掷	3

任务二　逻辑门电路 PCB 设计

1. 设计要求

（1）单面底层布线 PCB，尺寸不大于 100 mm × 95 mm，在 PCB 图上标注尺寸。

（2）所有信号线宽不小于 11 mil，电源线的线宽不小于 12 mil，跳线不超过 5 处，线间安全距离不小于 11 mil。

（3）按图 2-2-6 完成钮子开关、LED 的布局，自行布局其余元器件。

（4）必须按元器件清单中的元器件设计 PCB。

（5）布线层（底层）实体接地敷铜，对于无网络连接部分的死铜不需要删除，以提高雕刻机制板效率。

2. 根据设计文件加工逻辑门电路 PCB

依据绘制的 PCB 图，在雕刻机上制作电路板。制作完成后要与绘制的 PCB 图进行对比，使用万用表检查是否有断线、短路等现象，确保电路板制作无误，为安装与调试做好准备。

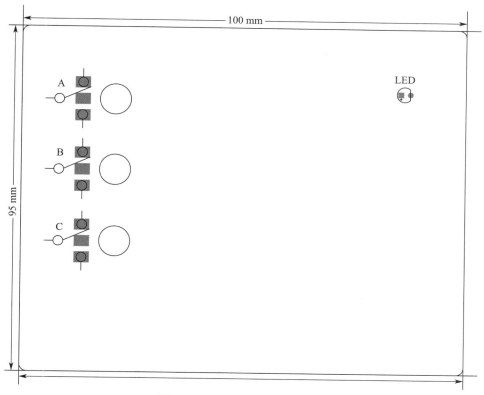

图 2-2-6　PCB 规定元件布局图

任务三　逻辑门电路板安装与调试

1. 电路板焊接

（1）工艺要求

1）按照先低后高、先小后大的原则安排焊接顺序。

2）根据装配工艺要求，保证元器件装配的方向正确，并安装到位。

3）检查焊点质量，无漏焊，焊点大小应适中，表面圆润有光泽，无毛刺、挂锡、拉点、连焊、虚焊等缺陷。

在进行元器件焊接时，要按照《电子组件的可接受性》（IPC-A-610G）标准及要求进行操作，从而保证产品质量达到行业标准，好的焊接质量也可以略高于标准。

（2）电路焊接与安装

按照工艺要求完成电路焊接，焊接电路板实物参考图如图 2-2-7 所示。

2. 电路调试

在环境温度低于 30℃、环境相对湿度小于 80% 的条件下，使用直流稳压源、信号发

图 2-2-7　焊接电路板实物参考图

生器、双踪示波器、频率计、万用表等仪器、设备按照下面的步骤进行功能和参数的测量，将测量结果记录在相应的表格内。

（1）与非门逻辑功能测试

1）连接 +5 V 电源，确认极性连接无误后开启稳压电源开关。

2）按"设计 1"进行电路连接，拨动开关 A 或 B，测量输入电压、输出电压和 LED 状态并记录在表 2-2-6 中。

表 2-2-6　　　　　　　　　　与非门逻辑测试表

A	B	输出	LED

（2）或门逻辑功能测试

1）连接 +5 V 电源，确认极性连接无误后开启稳压电源开关。

2）按"设计 2"进行电路连接，拨动开关 A 或 B，测量输入电压、输出电压和 LED 状态并记录在表 2-2-7 中。

表 2-2-7 　　　　　　　　　　　　　　或门逻辑测试表

A	B	输出	LED

（3）异或门逻辑功能测试

1）连接 +5 V 电源，确认极性连接无误后开启稳压电源开关。

2）按"设计 3"进行电路连接，拨动开关 A 或 B，测量输入电压、输出电压和 LED 状态并记录在表 2-2-8 中。

表 2-2-8 　　　　　　　　　　　　　　异或门逻辑测试表

A	B	输出	LED

（4）三路表决器功能测试

1）连接 +5 V 电源，确认极性连接无误后开启稳压电源开关。

2）按"设计 4"进行电路连接，拨动开关 A、B 或 C，测量输入电压、输出电压和 LED 状态并记录在表 2-2-9 中。

表 2-2-9 　　　　　　　　　　　　　　三路表决器测试记录表

A	B	C	输出	LED

A	B	C	输出	LED

五、任务评价

完成逻辑电路设计后，按照表 2-2-10，在电路设计、PCB 设计、电路板组装、电路板功能等四个方面，对项目作品进行评价。

表 2-2-10　　　　　　　　　　　　任务评价表

评分项目	评分点	配分	学生自评	教师评价
电路设计 （30分）	与非门电路连接正确	5		
	或门电路连接正确	5		
	异或门电路连接正确	5		
	三路表决电路连接正确	15		
PCB 设计 （30分）	单面底层布线 PCB，尺寸不大于 100 mm×95 mm，在 PCB 图上标注尺寸正确	10		
	所有信号线宽不小于 11 mil，电源线的线宽不小于 12 mil，跳线不超过 5 处。线间安全距离不小于 11 mil	5		
	元器件布局：钮子开关、LED 布局位置正确，其余元器件布线正确合理	10		
	布线层（底层）实体接地敷铜，无网络死铜不删除	5		
电路板组装 （20分）	电阻器、IC 等元器件的焊接符合 IPC-A-610G 标准	8		
	线路板焊接工艺符合 IPC-A-610G 标准	6		
	线路板元器件组装工艺符合 IPC-A-610G 标准	6		
电路板功能 （20分）	与非门电路正确	3		
	或门电路正确	3		
	异或门电路正确	3		
	三路表决电路正确	11		
合计		100		

项目三
编码译码电路设计

一、学习目标

1. 根据编码译码电路的功能和相关逻辑要求，合理设计电路和选择元器件。

2. 运用 Altium Designer 软件或 Eagle 软件设计并绘制各模块及总硬件电路原理图。

3. 根据编码译码电路原理图设计 PCB 线路。

4. 根据设计文件加工编码译码电路 PCB。

5. 根据电路板焊接工艺要求焊接编码译码电路并调试电路板功能，使产品正常运行。

二、项目描述

编码译码电路能实现二进制数编码与其他进制数编码之间的转换，本项目分别由 LED 显示译码电路和数码管显示译码电路构成，如图 2-3-1 所示。编码译码电路设计包括编码译码电路原理图设计、编码译码电路 PCB 设计、编码译码电路板安装与调试三个任务。

LED 显示译码电路由 74LS138 译码器芯片、8 路 LED 显示等电路构成。74LS138 芯片是 3 线 -8 线译码器，其控制端、输入端可由端口手动连接到高电平或低电平，输出端连接 8 位 LED 灯。设置好控制端，输入 3 位二进制数可驱动相应的 LED 灯点亮，显示输入的数值。

数码管显示译码电路由 CD4511 译码器芯片和七段数码管显示等电路构成。CD4511 芯片是七段数码管译码器，其控制端、输入端可由端口手动连接到高电平或 GND，输出端连接数码管的 a ~ g 段。设置好控制端，输入 4 位二进制 BCD 码，则数码管可相应显示 "0 ~ 9" 数字。

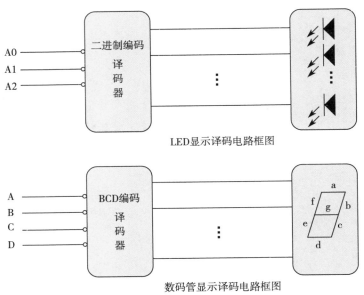

图 2-3-1　编码译码电路原理框图

三、知识准备

1. 简要说明编码器与译码器的区别。

_____

_____

_____

2. 当 74LS138 译码器有效输出时，其控制端应该怎样连接?

_____

_____

_____

3. 写出当数码管显示 "5" 时 a~g 段的电平值，并画出数码管显示草图。

_____

_____

_____

数码管显示"5"的草图：

四、任务实施

任务一　编码译码电路原理图设计

1. 模块电路设计

设计 1　LED 显示译码电路原理图设计

电路设计要求：

（1）使用一片 74LS138 集成芯片设计一个译码器电路，并驱动 LED 显示输入的二进制信号。

（2）参考图 2-3-2，根据电路要求及给出的部分电路元器件，设计 LED 显示译码电路，仅能选用以下元器件。可选元器件：一个 74LS138 集成芯片，八个 510 Ω 电阻器，八个红色 LED 灯。连接线可用网络标号表示。

设计 2　数码管显示译码电路原理图设计

电路设计要求：

（1）使用数码管译码器 CD4511 集成芯片输出控制数码管显示，使数码管可以正常显示数字"0 ~ 9"。

（2）参考图 2-3-3，根据功能要求及给出的部分电路元器件，使用一个 CD4511 集成芯片、七个 510 Ω 电阻器、一个红色共阴极七段数码管 SM110501G，设计数码管显示译码电路，连接线可用网络标号表示。

2. 总硬件电路原理图

根据以上 LED 显示译码电路和数码管显示译码电路，设计一个能进行二进制数与其他进制数转换的编码译码电路，并完成硬件电路的完整电路设计。编码译码硬件电路完整元器件如图 2-3-4 所示。

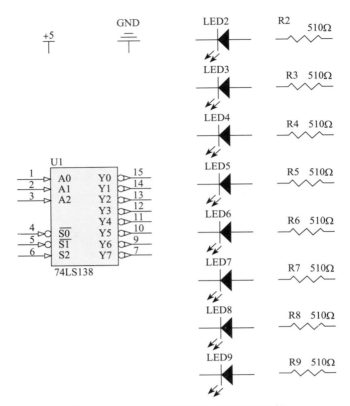

图 2-3-2　LED 显示译码电路部分元器件

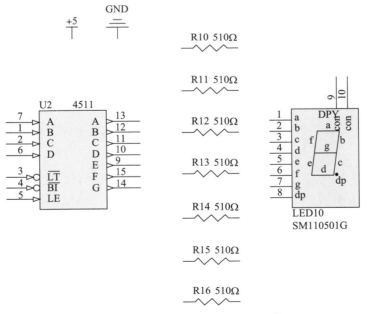

图 2-3-3　数码管显示译码电路元器件

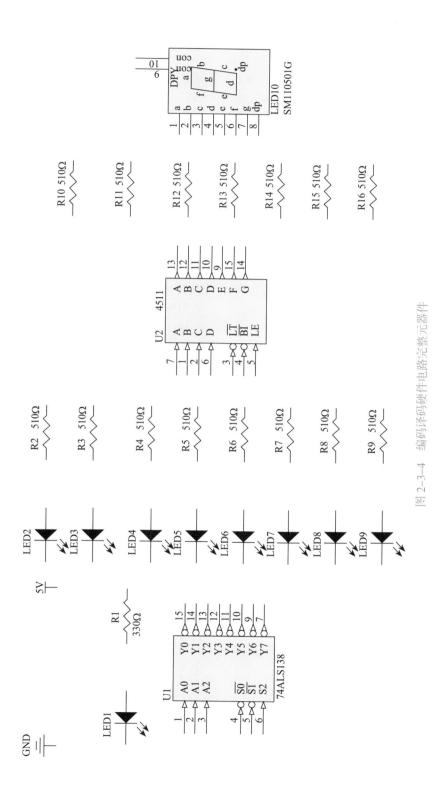

图 2-3-4 编码译码硬件电路完整元器件

3. 元器件清单

编码译码电路设计元器件清单见表 2-3-1。

表 2-3-1　　　　　　　　　　编码译码电路设计元器件清单

序号	名称	型号	数量
1	插头芯	KT4BK9	4
2	台阶插座	K1A30，镀金	15
3	电路板测试针	test-1，黄色	15
4	发光二极管	ϕ 3 mm，红	9
5	金属膜电阻器	1/4 W，510 Ω，允许偏差 ±1%，铜引线	15
6	金属膜电阻器	1/4 W，330 Ω，允许偏差 ±1%，铜引线	1
7	数码管	红色共阴极，19 mm × 13 mm（小），SM110501G	1
8	集成芯片	74LS138，DIP16	1
9	集成芯片	CD4511，DIP16	1
10	IC 插座	DIP16	2

任务二　编码译码电路 PCB 设计

1. 设计要求

（1）单面底层布线 PCB，尺寸为 130 mm × 105 mm，在 PCB 图上标注尺寸。

（2）所有信号线宽不小于 11 mil，电源线的线宽不小于 12 mil，跳线不超过 3 处，线间安全距离不小于 11 mil。

（3）按图 2-3-5 完成 74LS138 芯片、CD4511 芯片及数码管的布局，自行完成其余元器件的布局。

（4）必须按元器件清单中的元器件设计 PCB。

（5）布线层（底层）实体接地敷铜，对于无网络连接部分的死铜不需要删除，以提高雕刻机制板效率。

2. 根据设计文件加工编码译码电路 PCB

依据绘制完成的 PCB 图，在雕刻机上制作电路板。电路板制作完成后要与绘制的 PCB 图进行对比，使用万用表检查是否有断线、短路等现象，确保电路板制作无误，为安装与调试做好准备。

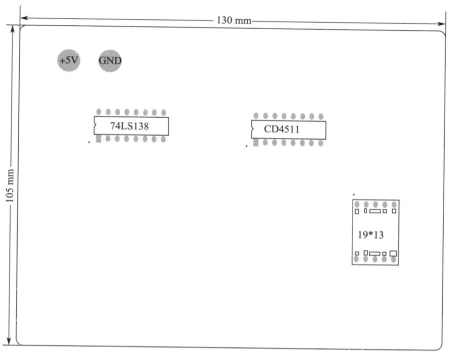

图 2-3-5 PCB 规定元器件布局图

任务三 编码译码电路板安装与调试

1. 电路板焊接

（1）工艺要求

1）按照先低后高、先小后大的原则安排焊接顺序。

2）根据装配工艺要求，保证元器件的装配方向正确，并安装到位。

3）检查焊点质量，无漏焊，焊点大小应适中，表面圆润有光泽，无毛刺、挂锡、拉点、连焊、虚焊等缺陷。

在进行元器件焊接时，要按照《电子组件的可接受性》（IPC-A-610G）标准及要求进行操作，从而保证产品质量达到行业标准，好的焊接质量也可以略高于标准。

（2）电路焊接与安装

按照工艺要求完成电路焊接，焊接电路板实物参考图如图 2-3-6 所示。

2. 电路调试

（1）连接 +5 V 电源，确认极性连接无误后开启稳压电源开关。当 $\overline{S0}$、$\overline{S1}$、S2 分别连接低电平、低电平、高电平时，根据 A0 ~ A2 输入信号填写表 2-3-2，同时将测试输出的电压值填入该表。

图 2-3-6　焊接电路板实物参考图

表 2-3-2　　　　　　　　　　　　　　LED 显示译码电路测试数据表

A2	A1	A0	$\overline{Y0} \sim \overline{Y7}$ 对应 LED 点亮情况	被点亮 LED 相应 IC 输出引脚电压
0	0	0		
0	0	1		
0	1	0		
0	1	1		
1	0	0		
1	0	1		
1	1	0		
1	1	1		

（2）连接 $\overline{LT}$、$\overline{LB}$、LE 三个控制引脚，确认极性连接无误后，连接 +5 V 电源，开启稳压电源开关，分别在数码管上显示数字 0、1、2、…、9 时，测量输出引脚电平，将相应的 A、B、C、D 端电平，点亮段及电压，未点亮段及电压填入表 2-3-3 中。

表 2-3-3　　　　　　　　　　　数码管显示译码电路测试数据表

数码管显示数字	输入电平				测试 a~g 输出电压			
	A	B	C	D	点亮段	电压	未点亮段	电压
0								
1								
2								
3								
4								
5								
6								
7								
8								
9								

五、任务评价

完成编码译码电路设计项目后，按照表 2-3-4，在电路设计、PCB 设计、电路板组装、电路板功能等四个方面，对项目作品进行评价。

表 2-3-4　　　　　　　　　　　任务评价表

评分项目	评分点	配分	学生自评	教师评价
电路设计（30分）	原理图器件布局合理，连线整齐清晰	15		
	编码译码显示电路连接正确	15		
PCB 设计（30分）	单面底层布线 PCB，尺寸为 130 mm × 105 mm，在 PCB 图上标注尺寸正确	10		
	所有信号线宽不小于 11 mil，电源线的线宽不小于 12 mil，跳线不超过 3 处。线间安全距离不小于 11 mil	5		
	元器件布局：74LS138 芯片、CD4511 芯片及数码管相对参考位置如图 2-3-5 所示，自行布局其余元器件，完成布线	10		
	布线层（底层）实体接地敷铜，无网络死铜不删除	5		
电路板组装（20分）	电阻器、电容器、IC 等元器件的焊接符合 IPC-A-610G 标准	8		

评分项目	评分点	配分	学生自评	教师评价
电路板组装 （20分）	线路板焊接工艺符合 IPC–A–610G 标准	6		
	线路板元器件组装工艺符合 IPC–A–610G 标准	6		
电路板功能 （20分）	74LS138 译码电路输出能使 LED 灯正常显示输入信号	8		
	CD4511 译码电路能输出使数码管正常显示数字	8		
	测试数据准确	4		
合计		100		

项目四
双 D 触发器控制电路设计

一、学习目标

1. 根据双 D 触发器控制电路的功能和相关逻辑要求，合理设计电路和选择元器件。

2. 运用 Altium Designer 软件或 Eagle 软件设计并绘制双 D 触发器控制电路各模块及总硬件电路原理图。

3. 根据双 D 触发器控制电路原理图设计 PCB 线路。

4. 根据设计文件加工双 D 触发器控制电路 PCB。

5. 根据电路板焊接工艺要求焊接双 D 触发器控制电路并调试电路板功能，使产品正常运行。

二、项目描述

本项目是一个双 D 触发器控制电路，能实现若干个二分频器、计数器和移位寄存器等功能，其应用十分广泛。双 D 触发器控制电路由按键输入电路、单稳态电路、双稳态电路、状态指示电路和继电器驱动电路构成，其原理框图如图 2-4-1 所示。双 D 触发器控制电路的设计包括电路原理图设计、电路 PCB 设计、电路板安装与调试三个任务。

图 2-4-1　双 D 触发器控制电路原理框图

按键输入电路、单稳态电路、双稳态电路及继电器驱动电路分别由轻触开关、双 D 触发器 CD4013 芯片、三极管 S9013 和 5 V 继电器构成。CD4013 芯片内部集成两个 D 触发器，可以使用一个 D 触发器构成单稳态电路，接收按键信号，将脉冲展宽为 250 ms，以消除按键抖动；再使用另一个 D 触发器构成的双稳态电路，将单稳态电路输出作为其输入信号，当反复按下按键时，双稳态电路输出的高、低两种电平相互翻转，适当放大后用于驱动继电器，可达到控制外部设备电路的目的。

三、知识准备

1. 简述单稳态电路与双稳态电路的区别。

2. 简述按键去抖动电路的作用。

3. 画出继电器内部结构图，并简述其工作原理。

（1）继电器内部结构图：

（2）继电器的工作原理：

4. 画出 D 触发器构成的单稳态电路原理图。

单稳态电路原理图：

四、任务实施

任务一　双 D 触发器控制电路原理图设计

1. 模块电路设计

设计 1　单稳态和双稳态电路设计

电路设计要求：

（1）根据以下条件，选用双 D 触发器 CD4013 芯片进行设计。

1）使用 CD4013 芯片内部集成的两个 D 触发器，分别设计一个单稳态电路和一个双稳态电路。注意：考虑 D 触发器各引脚功能和在电路中的接法。

2）单稳态的输入信号为按键输入电路产生的信号，为满足单稳态输入要求以及有效克服按键产生的抖动对电路的影响，要求单稳态电路的输出脉宽约为 250 ms，并合理选择定时元件的参数。

3）用 LED 指示输出状态，电路使用 5 V 电源供电。

（2）根据电路设计要求及给出的单稳态和双稳态电路部分电路元器件（见图 2-4-2）设计单稳态电路和双稳态电路，仅能使用指定元器件。可选元器件：一个 CD4013 芯片，一个 100 kΩ 电阻器，一个 180～680 kΩ 待选电阻器，一个 1 kΩ 电阻器，一个 1～4.7 μF 待选电解电容器，一个 0.01 μF 独石电容器，一个轻触开关，一个 φ5 mm 发光二极管，连接线可用网络标号表示。

设计 2　继电器驱动电路原理图设计

电路设计要求：

（1）使用 S9013 三极管放大双稳态输出的信号，以驱动继电器正常工作，并满足以下

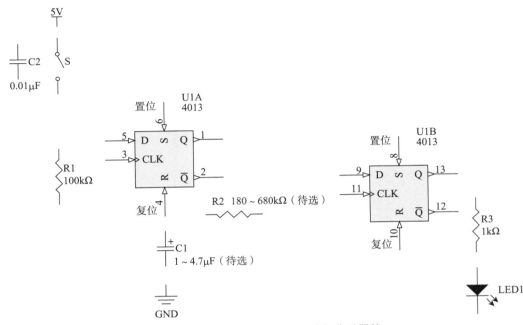

图 2-4-2 单稳态和双稳态电路部分元器件

要求：

1）将 S9013 的输入信号连接"设计 1"中双稳态的输出端。

2）使用 LED 指示继电器工作状态。

3）确定继电器续流二极管的接法。

4）三位接线端子用于连接和控制外部设备。

5）电路使用 5 V 电源供电。

（2）参考图 2-4-3，请根据电路设计要求及给出的部分电路元器件，完成继电器驱动电路的设计，选用指定元器件。可选元器件：一个三极管 S9013，一个 1 kΩ 电阻器、一个 6.8 kΩ 电阻器、一个 10 Ω 电阻器，一个二极管 1N4007，一个 5 V 继电器，一个三位接线端子，一个 φ5 mm LED，连接线可用网络标号表示。

2. 总硬件电路原理图

根据以上设计的模块电路，参考如图 2-4-1 所示的双 D 触发器控制电路原理框图，设计一个能实现按键控制继电器的电路，并完成硬件电路的完整电路设计。硬件电路完整元器件如图 2-4-4 所示。

3. 元器件清单

双 D 触发器控制电路设计元器件清单见表 2-4-1。

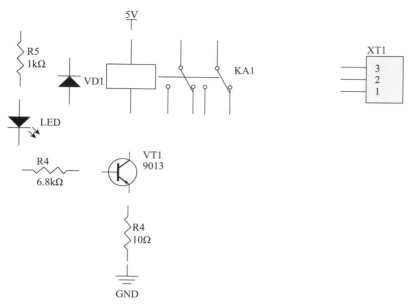

图 2-4-3 继电器驱动电路元器件图

表 2-4-1   双 D 触发器控制电路设计元器件清单

序号	名称	型号	数量
1	金属膜电阻器	1/4 W，10 Ω，允许偏差 ±1%，铜引线	1
2	金属膜电阻器	1/4 W，330 Ω，允许偏差 ±1%，铜引线	1
3	金属膜电阻器	1/4 W，1 kΩ，允许偏差 ±1%，铜引线	2
4	金属膜电阻器	1/4 W，3 kΩ，允许偏差 ±1%，铜引线	1
5	金属膜电阻器	1/4 W，6.8 kΩ，允许偏差 ±1%，铜引线	2
6	金属膜电阻器	1/4 W，180~330 kΩ，允许偏差 ±1%，铜引线	待选 1
7	电解电容器	CD11-1~4.7 μF/16 V，允许偏差 ±10%，铜引线	1
8	独石电容器	103P（CT1-50V 片径 φ5 mm，脚距 5 mm，允许偏差 ±10%）	1
9	集成芯片	CD4013BE，DIP14	1
10	方孔 IC 插座	7.62 mm×2.54 mm，DIP-14P	1
11	三极管	S9013，TO-92	1
12	二极管	1N4007，DO-41	1
13	发光二极管	φ3 mm，红	2
14	发光二极管	φ5 mm，红	2
15	台阶插座	K1A30，镀金	4
16	接线端子	RJ128 5.08 3T，绿，直插	1
17	通信继电器	HK19F-DC5V-SHG，8T	1
18	轻触开关	12 mm×12 mm×6 mm，短柄	1

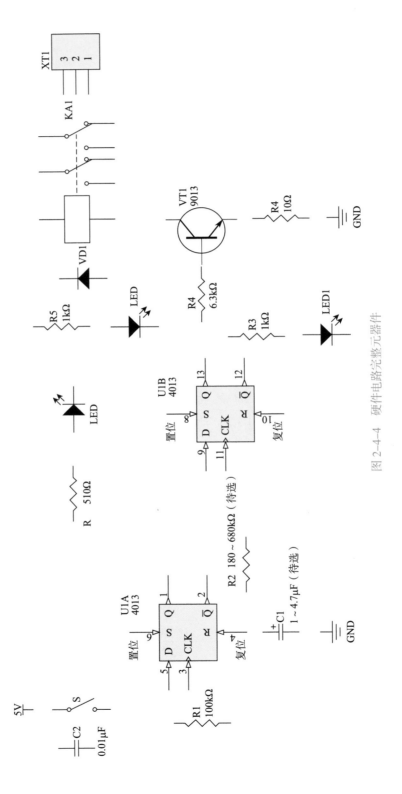

图 2-4-4 硬件电路完整元器件

任务二　双 D 触发器控制电路 PCB 设计

1. 设计要求

（1）单面底层布线 PCB，尺寸为 115 mm×95 mm，在 PCB 图上标注尺寸。

（2）所有信号线宽不小于 11 mil，电源线的线宽不小于 12 mil，跳线不超过 3 处，线间安全距离不小于 11 mil。

（3）根据图 2-4-4 和表 2-4-1 完成元器件布局，CD4013 芯片及插头芯 XT1 的相对参考位置如图 2-4-5 所示，自行完成其余元器件布局。

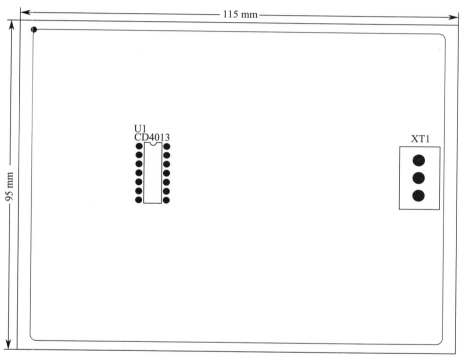

图 2-4-5　PCB 规定元器件布局图

（4）必须按元器件清单中的元器件设计 PCB。

（5）布线层（底层）实体接地敷铜，对于无网络连接部分的死铜不需要删除，以提高雕刻机制板效率。

2. 根据设计文件加工双 D 触发器控制电路 PCB

依据绘制完成的 PCB 图，在雕刻机上制作电路板。电路板制作完成后要与绘制的 PCB 图进行对比，使用万用表检查是否有断线、短路等现象，确保电路板制作无误，为安装与调试做好准备。

任务三　双 D 触发器控制电路板安装与调试

1. 电路板焊接

（1）工艺要求

1）按照先低后高、先小后大的原则安排焊接顺序。

2）根据装配工艺要求，保证元器件的装配方向正确，并安装到位。

3）检查焊点质量，无漏焊，焊点大小应适中，表面圆润有光泽，无毛刺、挂锡、拉点、连焊、虚焊等缺陷。

在进行元器件焊接时，要按照《电子组件的可接受性》（IPC-A-610G）标准及要求进行操作，从而保证产品质量达到行业标准，好的焊接质量也可以略高于标准。

（2）电路焊接与安装

按照工艺要求完成电路焊接，焊接电路板实物参考图如图 2-4-6 所示。

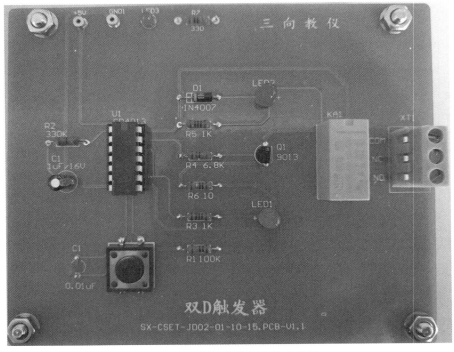

图 2-4-6　焊接电路板实物参考图

2. 电路调试

（1）单稳态电路的调试

1）检查电路：安装完成，先不通电，检查元器件是否接错，特别是要注意集成电路的安装方向和二极管的极性。调整稳压电源输出电压为 5 V，将电源接入电路，观察有无短路、发热的现象。

2）测量相关波形：用示波器测量按键输出信号和单稳态输出信号的波形，分别记入图 2-4-7、图 2-4-8 中。

按键输出信号波形	示波器
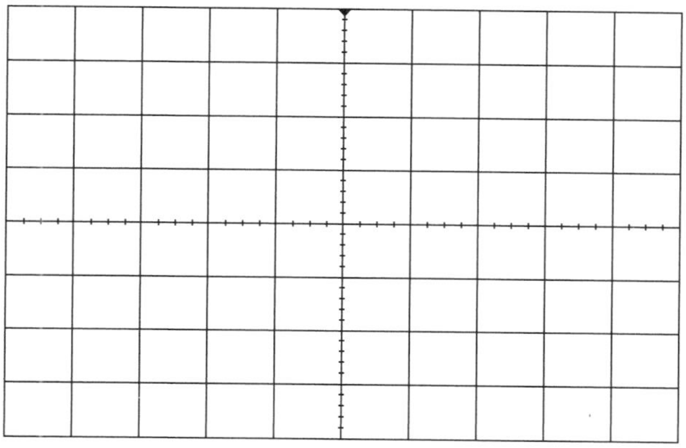	垂直设置：_____ /div 水平设置：____ /div 脉宽：_____ ms 峰峰值：_____ V

图 2-4-7　按键输出信号的波形

单稳态输出信号波形	示波器
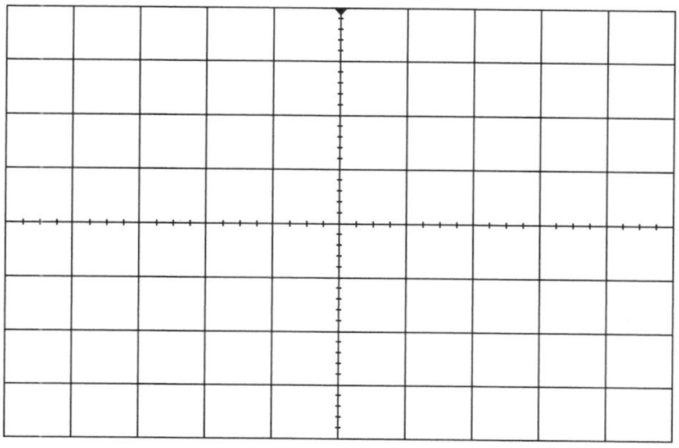	垂直设置：_____ /div 水平设置：____ /div 脉宽：_____ ms 峰峰值：_____ V

图 2-4-8　单稳态输出信号波形

根据图 2-4-8 测绘的单稳态输出信号波形，读出脉冲宽度，并与设计值比较：

实际的输出脉冲宽度：_____。

设计的输出脉冲宽度（包含估算公式）：_____。

（2）双稳态电路的调试

在单稳态电路正常工作后，通过按键反复测试 D 触发器芯片输出是否正常工作在翻转状态，同时对应的 LED1 也应能正常指示，观察并记录现象。

LED1 亮：D 触发器 Q 端输出为_____（高 / 低）电平；$\overline{Q}$ 端输出为_____（高 / 低）电平。

LED1 灭：D 触发器 Q 端输出为_____（高 / 低）电平；$\overline{Q}$ 端输出为_____（高 / 低）电平。

使用示波器的双踪功能，同时观测两级 D 触发器芯片 Q1 端、Q2 端的输出波形，并记录在图 2-4-9 中，同时观察和比较输出端 Q1 和 Q2 的波形变化规律。

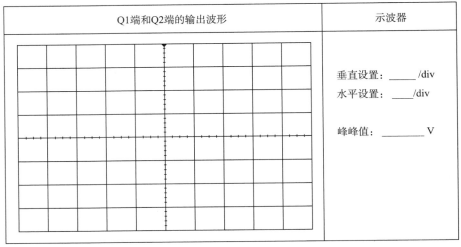

图 2-4-9　D 触发器芯片 Q1 端和 Q2 端的输出波形

（3）继电器驱动电路的调试

双稳态电路调试完成且正常工作后，同样通过按键反复测试继电器是否正常工作，同时对应的 LED2 也应能正常指示，用万用表测量继电器输出端阻值，观察并记录现象。

LED2 亮：

继电器公共 COM 端与常闭触点 NC 的电阻值_____；COM 端与常开触点 NO 的电阻值_____。

LED2 灭：

继电器 COM 端与常闭触点 NC 的电阻值_____；COM 端与 NO 常开触点的电阻值_____。

继电器电路中续流二极管的作用是：_____。

五、任务评价

完成双 D 触发器控制电路项目后，按照表 2-4-2，在电路设计、PCB 设计、电路板组装、电路板功能等四个方面，对项目作品进行评价。

表 2-4-2　　　　　　　　　　　任务评价表

评分项目	评分点	配分	学生自评	教师评价
电路设计 （30 分）	双 D 触发器控制电路元器件选择、电路连接正确	15		
	继电器控制电路元器件选择、电路连接正确	10		
	状态指示电路元器件选择、电路连接正确	5		
PCB 设计 （30 分）	单面底层布线 PCB，最大尺寸为 115 mm×95 mm，在 PCB 图上标注尺寸正确	10		
	所有信号线宽不小于 11 mil，电源线的线宽不小于 12 mil，跳线不超过 3 处。线间安全距离不小于 11 mil	5		
	元器件布局：CD4013 芯片、接线端子及外接电源接线端相对参考位置如图 2-4-5 所示，自行布局其余元器件，完成布线	10		
	布线层（底层）实体接地敷铜，无网络死铜不删除	5		
电路板组装 （20 分）	电阻器、电容器、IC 等元器件的焊接符合 IPC-A-610G 标准	8		
	线路板焊接工艺符合 IPC-A-610G 标准	6		
	线路板元器件组装工艺符合 IPC-A-610G 标准	6		
电路板功能 （20 分）	通电后电源指示 LED 正常工作	4		
	按键和单稳态电路工作正常	6		
	双稳态电路工作正常	4		
	继电器驱动电路工作正常	6		
合计		100		

项目五
同步加法计数器电路设计

一、学习目标

1. 根据同步 3 位二进制加法计数器电路的功能和相关逻辑要求，合理设计电路和选择元器件。

2. 运用 Altium Designer 软件或 Eagle 软件设计并绘制各模块及总硬件电路原理图。

3. 根据同步 3 位二进制加法计数器电路原理图设计 PCB 线路。

4. 根据设计文件加工同步 3 位二进制加法计数器电路 PCB。

5. 根据电路板焊接工艺要求焊接同步 3 位二进制加法计数器电路并调试电路板功能，使产品正常运行。

二、项目描述

本项目是一个同步加法计数器电路，计数器主要是用于对脉冲进行计数，以实现测量、计数和控制的功能，同时兼有分频功能。主要由 JK 触发器组成的二进制加法计数电路、与非门组成的进位电路、三个 LED 组成的状态显示电路和复位电路构成，如图 2-5-1 所示。同步加法计数器电路设计包括电路原理图设计、电路 PCB 设计、电路板安装与调试三个任务。

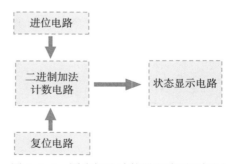

图 2-5-1　同步加法计数器电路原理框图

同步 3 位二进制加法计数器是由两个双 JK 触发器 CD4027 集成芯片（应用其中的三个触发器）和一个四路 2 输入与非门 CD4011 集成芯片（应用其中的二个与非门）组成的 3 位

输出计数器。三个触发器的时钟脉冲 CP 连接在一起实现同步功能，并作为外部脉冲输入端，对外部脉冲进行计数。随着 1 Hz CP 计数脉冲的不断输入（从 0 到 7），计数器的状态做有规则的变化，三个触发器的输出端连接三个 LED 可以显示计数器状态。

三、知识准备

1. 简要说明同步、异步计数器的区别。本电路为同步连接还是异步连接？

2. 写出 JK 触发器的特性方程，"翻转"状态时 J、K 的电平状态。

3. 根据双 JK 触发器 CD4027 芯片的工作原理，当触发器工作处于"翻转"状态时，写出各个引脚的连接方式？

4. N 位二进制加法计数器最多可计数多少个脉冲？

四、任务实施

任务一　同步加法计数器电路原理图设计

1. 模块电路设计

设计 1　同步 3 位加法计数器原理图设计

电路设计要求：

（1）使用两片双 JK 触发器 CD4027 芯片、一片与非门 CD4011 芯片设计一个同步 3 位加法计数器电路。

（2）参考图 2-5-2，根据电路要求及给出的部分电路元器件，设计同步 3 位加法计数器电路，仅能使用以下元器件。可选元器件：两片 CD4027 集成芯片，一片 CD4011 集成芯片，两个 1 kΩ 电阻器。连接线可用网络标号表示。

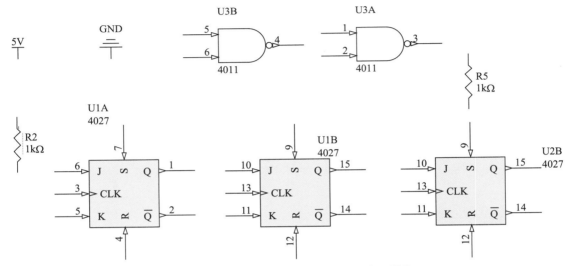

图 2-5-2　3 位同步加法计数器部分电路元器件

设计 2　复位开关及 LED 显示电路原理图设计

电路设计要求：

（1）使用一个复位开关设计同步加法计算的复位电路，三个 LED 用于显示 3 位二进制加法计数器的结果。

（2）参考图 2-5-3，根据电路要求及给出的部分电路元器件，在三个触发器的基础上使用一个复位开关、四个 470 Ω 电阻器、三个红色 LED，设计复位电路及 3 位 LED 显示电路，连接线可用网络标号表示。

2. 总硬件电路原理图

根据以上 3 位同步加法计数电路和复位开关及 LED 显示电路，设计一个能对脉冲个数进行计数的 3 位同步二进制加法计数器，并完成硬件电路的完整电路图。同步加法计数器硬件电路元器件如图 2-5-4 所示。

3. 元器件清单

同步加法计数器电路设计元器件清单见表 2-5-1。

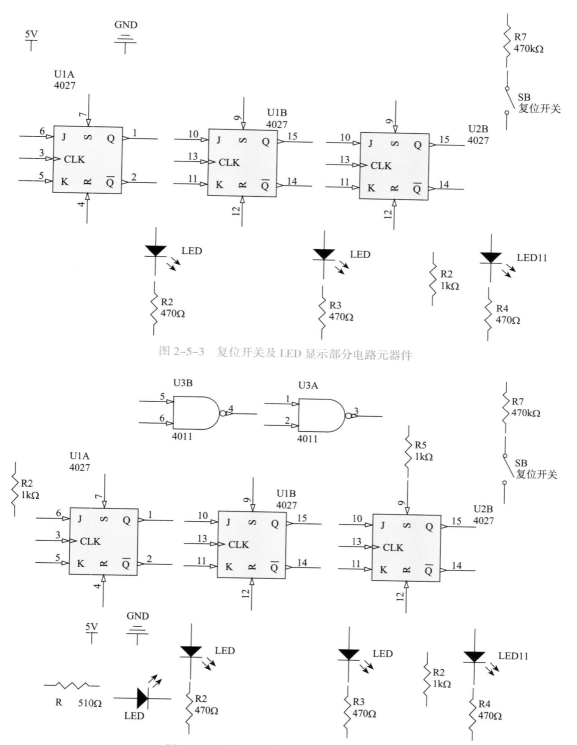

图 2-5-3 复位开关及 LED 显示部分电路元器件

图 2-5-4 同步加法计数器硬件电路元器件

表 2-5-1   同步加法计数器电路设计元器件清单

序号	名称	型号	数量
1	插头芯	KT4BK9	4
2	台阶插座	K1A30，镀金	7
3	电路板测试针	test-1，黄色	8
4	发光二极管	ϕ 3 mm，红色	4
5	金属膜电阻器	1/4 W，510 Ω，允许偏差 ±1%，铜引线	1
6	金属膜电阻器	1/4 W，470 Ω，允许偏差 ±1%，铜引线	4
7	金属膜电阻器	1/4 W，1 kΩ，允许偏差 ±1%，铜引线	3
8	集成芯片	CD4011BE，DIP14	1
9	集成芯片	CD4027BE，DIP16	2
10	IC 插座	DIP14	1
11	IC 插座	DIP16	2
12	复位开关	AN4，2×2，红色	1

任务二   同步加法计数器电路 PCB 设计

1. 设计要求

（1）单面底层布线 PCB，尺寸不大于 230 mm × 100 mm，在 PCB 图上标注尺寸。

（2）所有信号线宽不小于 11 mil，电源线的线宽不小于 12 mil，跳线不超过 3 处。线间安全距离不小于 11 mil。

（3）按图 2-5-5 完成 CD4027 芯片、CD4011 芯片及复位开关的布局，自行完成其余元器件的布局。

（4）必须按表 2-5-1 元器件清单中的元器件设计 PCB。

（5）布线层（底层）实体接地敷铜，对于无网络连接部分的死铜不需要删除，以提高雕刻机制板效率。

2. 根据设计文件加工同步加法计数器电路 PCB

依据绘制完成的 PCB 图，在雕刻机上制作电路板。电路板制作完成后要与绘制的 PCB 图进行对比，使用万用表检查是否有断线、短路等现象，确保电路板制作无误，为安装与调试做好准备。

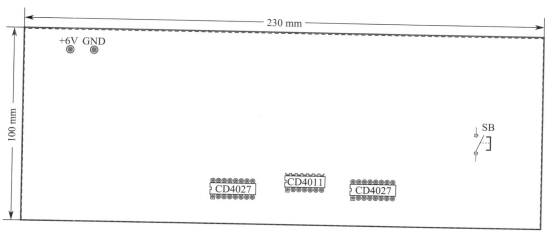

图 2-5-5　PCB 规定元器件布局图

任务三　同步加法计数器电路板安装与调试

1. 电路板焊接

（1）工艺要求

1）按照先低后高、先小后大的原则安排焊接顺序。

2）根据装配工艺要求，保证元器件的装配方向正确，并安装到位。

3）检查焊点质量，无漏焊，焊点大小应适中，表面圆润有光泽，无毛刺、挂锡、拉点、连焊、虚焊等缺陷。

在进行元器件焊接时，要按照《电子组件的可接受性》（IPC-A-610G）标准及要求进行操作，从而保证产品质量达到行业标准，好的焊接质量也可以略高于标准。

（2）电路焊接与安装

按照工艺要求完成电路焊接，焊接电路板实物参考图如图 2-5-6 所示。

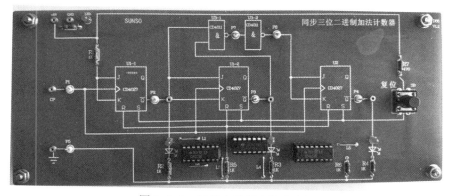

图 2-5-6　焊接电路板实物参考图

2. 电路调试

（1）连接 +5 V 电源，确认极性连接无误后开启稳压电源开关。JK 触发器 CD4027 集成芯片的 7 脚、9 脚是置位端，4 脚、12 脚是复位端，2 脚、14 脚是输出端。当 CP 端输入 1 Hz 脉冲，U1 芯片 2 脚、14 脚以及 U2 芯片 14 脚连接的红色 LED 会根据二进制加法计数规则点亮。使用示波器观察 U1 芯片 2 脚、14 脚以及 U2 芯片 14 脚波形并分别记录在图 2-5-7、图 2-5-8、图 2-5-9 中。

U1芯片2脚波形	示波器
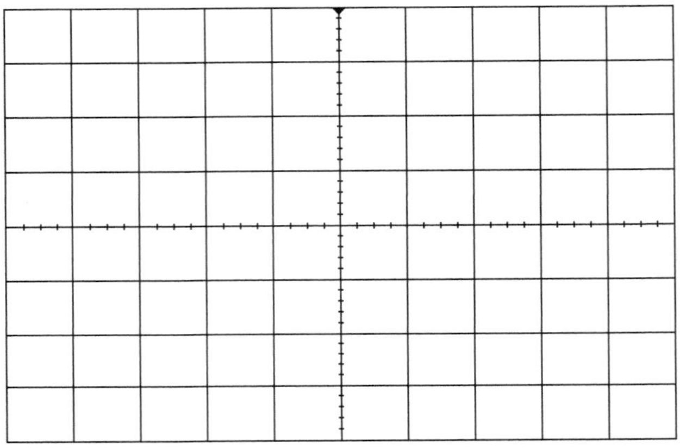	垂直设置：_____/div 水平设置：_____/div 频率：_____Hz 峰峰值：_____V

图 2-5-7　U1 芯片 2 脚波形图

U1芯片14脚波形	示波器
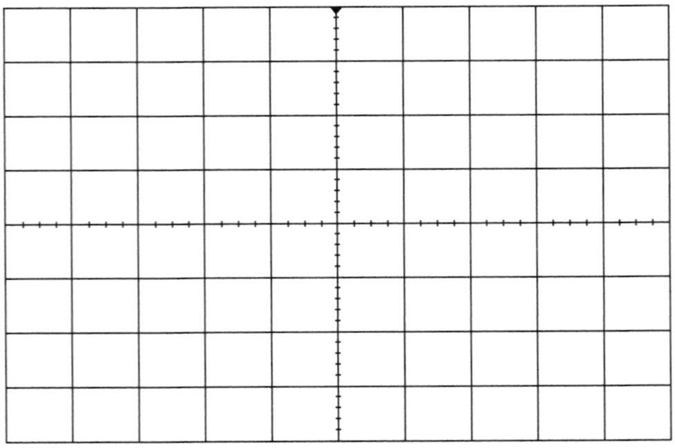	垂直设置：_____/div 水平设置：_____/div 频率：_____Hz 峰峰值：_____V

图 2-5-8　U1 芯片 14 脚波形图

U2芯片14脚波形	示波器
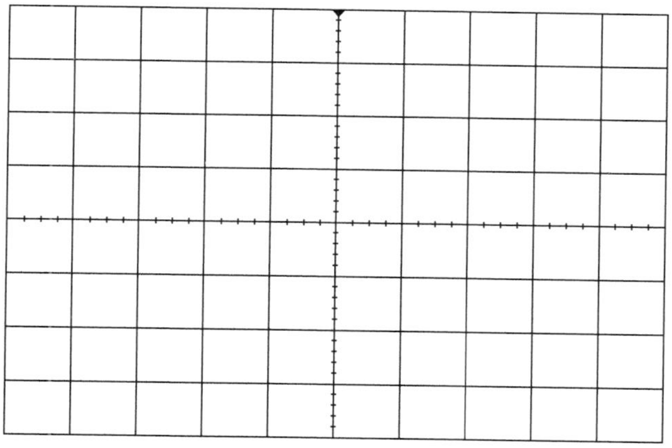	垂直设置：_____/div 水平设置：_____/div 频率：_____Hz 峰峰值：_____V

图 2-5-9　U2 芯片 14 脚波形图

（2）根据 LED 的灭、亮规则及所绘制的波形，在图 2-5-10 所留的空白框中画出同步 3 位二进制加法计数器状态图。

图 2-5-10　同步 3 位二进制加法计数器状态图

五、任务评价

完成同步 3 位二进制加法计数器电路设计项目后，按照表 2-5-2，在电路设计、PCB 设计、电路板组装、电路板功能等四个方面，对项目作品进行评价。

表 2-5-2 任务评价表

评分项目	评分点	配分	学生自评	教师评价
电路设计 （30分）	原理图器件布局合理，连线整齐清晰	15		
	同步 3 位二进制加法计数器电路连接正确	15		
PCB 设计 （30分）	单面底层布线 PCB，尺寸为 230 mm × 100 mm，在 PCB 图上标注尺寸正确	10		
	所有信号线宽不小于 11 mil，电源线的线宽不小于 12 mil，跳线不超过 3 处。线间安全距离不小于 11 mil	5		
	元器件布局：CD4027 芯片、CD4011 芯片及复位开关相对参考位置如图 2-5-5 所示，自行布局其余元器件，完成布线	10		
	布线层（底层）实体接地敷铜，无网络死铜不删除	5		
电路板组装 （20分）	电阻器、IC 等元器件的焊接符合 IPC-A-610G 标准	8		
	线路板焊接工艺符合 IPC-A-610G 标准	6		
	线路板元器件组装工艺符合 IPC-A-610G 标准	6		
电路板功能 （20分）	同步 3 位二进制加法计数器功能正常	8		
	3 位 LED 显示及复位电路功能正常	6		
	波形绘制完整，测试数据准确	6		
合计		100		

项目六
流水灯电路设计

一、学习目标

1. 根据 CD4017 流水灯电路功能和相关逻辑要求，合理设计电路和选择元器件。

2. 运用 Altium Designer 软件或 Eagle 软件设计及绘制 CD4017 流水灯电路原理图。

3. 根据 CD4017 流水灯电路原理图设计 PCB 线路。

4. 根据设计文件加工 CD4017 流水灯电路 PCB。

5. 根据电路板焊接工艺要求焊接 CD4017 流水灯电路并调试电路板功能，使产品正常运行。

二、项目描述

本项目是一个流水灯控制电路，能实现多功能流水灯显示，具有一定的显示变化图案的功能。该项目主要由多谐振荡器、CD4017 控制电路和 LED 流水灯显示电路构成，电路原理框图如图 2-6-1 所示。流水灯电路设计包括电路原理图设计、电路 PCB 设计、电路板安装与调试三个任务。

图 2-6-1　CD4017 流水灯电路原理框图

用 NE555 和电阻器、电容器组成多谐振荡器，NE555 的 3 脚输出循环脉冲信号，该脉冲作为十进制计数器 CD4017 的输入信号，CD4017 具有 3 个输入端和 10 个译码输出端，CD4017 输出的计数脉冲经过电阻驱动 LED 显示电路，实现 LED 流水灯效果。

三、知识准备

1. 如何计算 NE555 时钟振荡信号的充电时间和放电时间？

2. 如何设计可调的 NE555 脉冲发生器的频率？

3. CD4017 可用于设计分频器吗？

4. CD4017 的 12 脚具有什么功能？

四、任务实施

任务一　CD4017 流水灯电路原理图设计

1. 模块电路设计

设计 1　NE555 脉冲发生器设计

电路设计要求：

（1）使用一片 NE555 芯片设计一个脉冲发生器，输出频率为 5~20 Hz 的矩形波信号。

其充电时间为：$0.693 \times (R_1+RP_1) \times C_1$，放电时间为：$0.693 \times RP_1 \times C_1$。

（2）参考如图 2-6-1 所示的原理框图，根据电路要求及给出的部分电路元器件（见图 2-6-2）设计 NE555 脉冲发生器，仅能使用以下元器件。可选元器件及芯片：一个 NE555，一个 10 kΩ 电阻器，一个 100 kΩ 电位器，一个 2.2 μF 电解电容器，一个 0.1 μF 独石电容器。连接线可用网络标号表示。

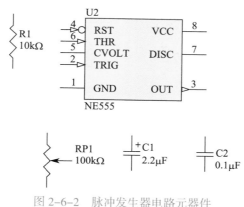

图 2-6-2　脉冲发生器电路元器件

设计 2　CD4017 控制 LED 灯显示电路设计

电路设计要求：

（1）使用 NE555 产生的输出脉冲作为 CD4017 的输入脉冲，触发其十个输出引脚，使之交替输出高、低电平，高电平时点亮相应引脚的 LED 灯。

（2）参考如图 2-6-1 所示的原理框图，根据功能要求，使用一片 CD4017、11 个 1 kΩ 电阻器、10 个 LED 灯，设计 CD4017 控制 LED 灯显示电路，并把图 2-6-3 连接完整。连接线可用网络标号表示。

2. 总硬件电路原理图

根据以上脉冲发生器电路和 CD4017 控制 LED 灯显示电路设计流水灯电路。完成完整的硬件电路设计。硬件电路完整元器件如图 2-6-4 所示。

3. 元器件清单

CD4017 流水灯电路设计元器件清单见表 2-6-1。

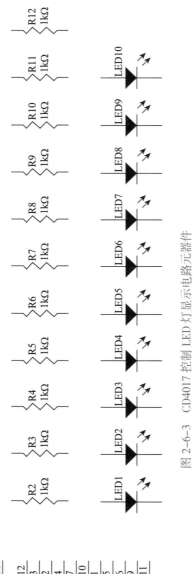

图 2-6-3　CD4017 控制 LED 灯显示电路元器件

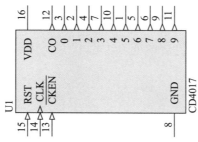

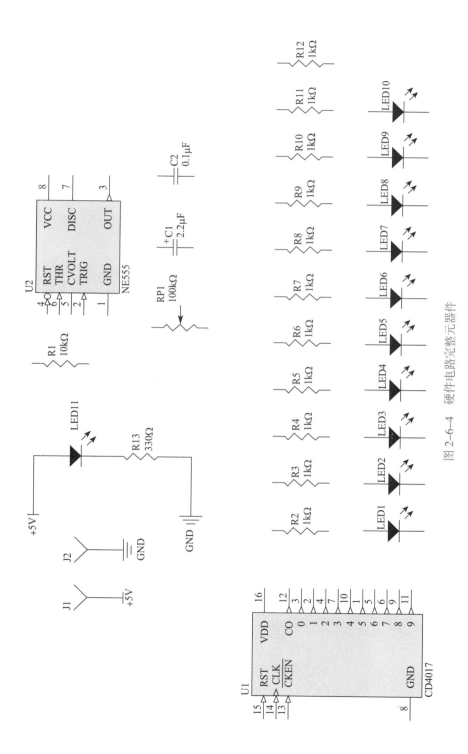

图 2-6-4 硬件电路完整元器件

表 2-6-1   CD4017 流水灯电路设计元器件清单

序号	名称	型号	数量
1	集成芯片	CD4017，封装 DIP-16	1
2	集成芯片	NE555，封装 DIP-8	1
3	单联电位器	100 kΩ	1
4	金属膜电阻器	10 kΩ，1/4 W	1
5	金属膜电阻器	1 kΩ，1/4 W	11
6	金属膜电阻器	330 Ω，1/4 W	1
7	LED	ϕ 5 mm	11
8	电解电容器	2.2 μF/16 V	1
9	独石电容器	0.1 μF	1
10	电源接口	KF301-2P	1

任务二   CD4017 流水灯电路 PCB 设计

1. 设计要求

（1）单面底层布线 PCB，尺寸不大于 115 mm × 95 mm，在 PCB 图上标注尺寸。

（2）所有信号线宽不小于 11 mil，电源线的线宽不小于 12 mil，跳线不超过 5 处。线间安全距离不小于 11 mil。

（3）按图 2-6-5 完成 NE555、CD4017 及 LED 的布局，自行布局其余元器件。

（4）必须按元器件清单中的元件设计 PCB。

（5）布线层（底层）实体接地敷铜，对于无网络连接部分的死铜不需要删除，以提高雕刻机制板效率。

2. 根据设计文件加工 CD4017 流水灯电路 PCB

依据绘制完成的 PCB 图，在雕刻机上制作电路板。电路板制作完成后要与绘制的 PCB 图进行对比，使用万用表检查走线是否有断线、短路等现象，确保证电路板制作无误，为安装与调试做好准备。

任务三   CD4017 流水灯电路板安装与调试

1. 电路板焊接

（1）工艺要求

1）按照先低后高、先小后大的原则安排焊接顺序。

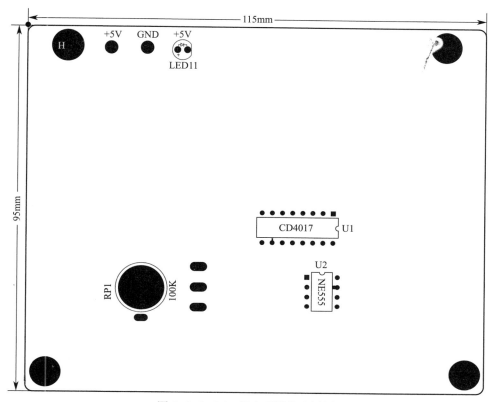

图 2-6-5　PCB 规定元器件布局图

2）根据装配工艺要求，保证元器件的装配方向正确，并安装到位。

3）检查焊点质量，无漏焊，焊点大小应适中，表面圆润有光泽，无毛刺、挂锡、拉点、连焊、虚焊等缺陷。

在进行元器件焊接时，要按照《电子组件的可接受性》（IPC-A-610G）标准及要求进行操作，从而保证产品质量达到行业标准，好的焊接质量也可以略高于标准。

（2）电路焊接与安装

按照工艺要求完成电路焊接，焊接完成的电路板实物参考图如图 2-6-6 所示。

2. 电路调试

（1）在图 2-6-6 所示的电路板上连接电源，确认极性连接无误后开启稳压电源开关。调节 RP1 可以控制振荡器的输出频率，将 NE555 的时钟振荡信号加在 CD4017 的 14 脚上。当 CD4017 的 10 个输出端在时钟信号作用下轮流产生高电平时，则输出端连接的 LED1 ~ LED10 依次被点亮，从而形成流水灯效果。

调节 RP1 即可调节 LED 灯的"流动"速度，用示波器观察 NE555 芯片 3 脚波形并记录在图 2-6-7 中。

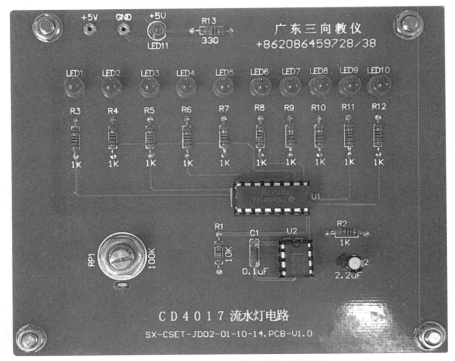

图 2-6-6 焊接电路板实物参考图

NE555芯片3脚波形	示波器
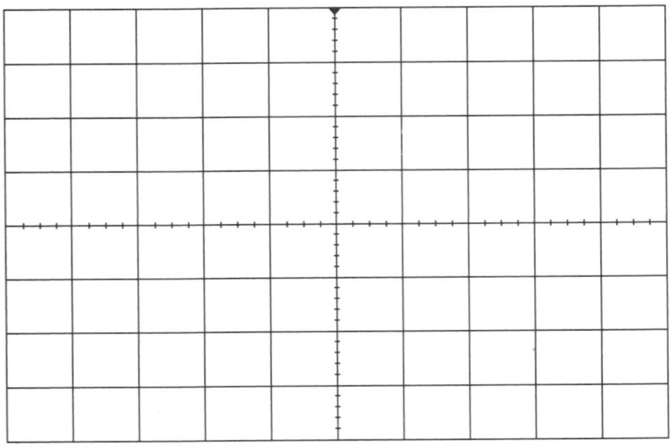	垂直设置：_____/div 水平设置：_____/div 频率：_____Hz 峰峰值：_____V

图 2-6-7 NE555 芯片 3 脚波形图

（2）用示波器观察 CD4017 芯片 3 脚波形并记录在图 2-6-8 中。

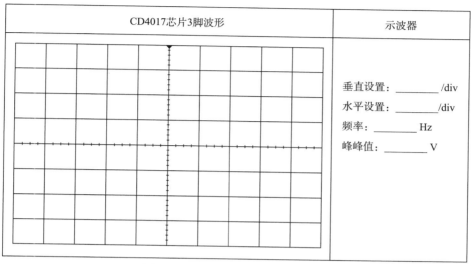

CD4017芯片3脚波形	示波器
	垂直设置：_____ /div 水平设置：_____ /div 频率：_____ Hz 峰峰值：_____ V

图 2-6-8　CD4017 芯片 3 脚波形图

五、任务评价

完成 CD4017 流水灯电路设计项目后，按照表 2-6-2，在电路设计、PCB 设计、电路板组装、电路板功能等四个方面，对项目作品进行评价。

表 2-6-2　　　　　　　　　　　任务评价表

评分项目	评分点	配分	学生自评	教师评价
电路设计 （30分）	脉冲发生器外围电阻器、电容器连接正确	15		
	CD4017 控制 LED 灯显示电路连接正确	15		
PCB 设计 （30分）	单面底层布线 PCB，尺寸为 115 mm×95 mm，在 PCB 图上标注尺寸正确	10		
	所有信号线宽不小于 11 mil，电源线的线宽不小于 12 mil，跳线不超过 5 处。线间安全距离不小于 11 mil	5		
	元器件布局：NE555、CD4017 及 LED 相对参考位置如图 2-6-5 所示，自行布局其余元器件，完成布线	10		
	布线层（底层）实体接地敷铜，无网络死铜不删除	5		
电路板组装 （20分）	电阻器、电容器、IC 等元器件的焊接符合 IPC-A-610G 标准	8		

续表

评分项目	评分点	配分	学生自评	教师评价
电路板组装 （20分）	线路板焊接工艺符合 IPC-A-610G 标准	6		
	线路板元器件组装工艺符合 IPC-A-610G 标准	6		
电路板功能 （20分）	调节电位器 RP1，NE555 芯片输出频率有变化	4		
	NE555 芯片 3 脚波形正确	8		
	CD4017 芯片 3 脚波形正确	8		
合计		100		

项目七
八路抢答器电路设计

一、学习目标

1. 根据八路抢答器电路功能和相关逻辑要求，合理设计电路和选择元器件。
2. 运用 Altium Designer 软件或 Eagle 软件设计并绘制八路抢答器电路原理图。
3. 根据八路抢答器电路原理图设计 PCB 线路。
4. 根据设计文件加工八路抢答器电路 PCB。
5. 根据电路板焊接工艺要求焊接八路抢答器电路并调试电路板功能，使产品正常运行。

二、项目描述

　　本项目是一个八路抢答器电路，主要由锁存器、优先编码器、二进制加法器、译码器及发光数码管构成，八路抢答器电路原理框图如图 2-7-1 所示。八路抢答器电路设计包括电路原理图设计、电路 PCB 设计、电路板安装与调试三个任务。

图 2-7-1　八路抢答器电路原理框图

　　在使用抢答器前，可先对抢答器进行测试。将复位开关拨在"抢答复位"位置，八路抢答器开关拨在"初始位"，LED 灯不亮，这时可逐一拨动开关至"抢答位"，八段 LED 数码管的数字依次变化，从而实现抢答器的测试。抢答器开始工作时，可将复位开关拨在"抢答允许"位置，八路抢答器开关拨在"初始位"，LED 灯不亮，任一开关拨至"抢答位"，则相应 LED 灯亮，再拨动其他开关时，八段 LED 数码管数字不变。若一次抢答完成后，需要将抢答器复位后再次启动抢答状态。

三、知识准备

1. 简述锁存电路工作原理。

_____

_____

_____

2. 简述编码电路工作原理。

_____

_____

_____

_____

3. 简述译码电路工作原理。

_____

_____

_____

_____

_____

四、任务实施

任务一　八路抢答器电路原理图设计

1. 模块电路设计

设计 1　锁存电路、编码电路及加法电路设计

电路设计要求：

（1）使用 74LS373、74LS148、74LS83 设计一个信号锁存电路、信号编码电路及加法电路，实现对抢答状态的编码，并立刻锁定抢答状态，同时加法器自动加 1。

（2）参考如图 2-7-1 所示的八路抢答器电路原理框图，根据电路要求及给出的部分电路元器件（见图 2-7-2）设计锁存电路、编码电路及加法电路，仅能使用以下元器件。可选元器件：九只按钮开关，一个 74LS373 芯片，一个 74LS148 芯片，一个 74LS83 芯片。连接

线可用网络标号表示。

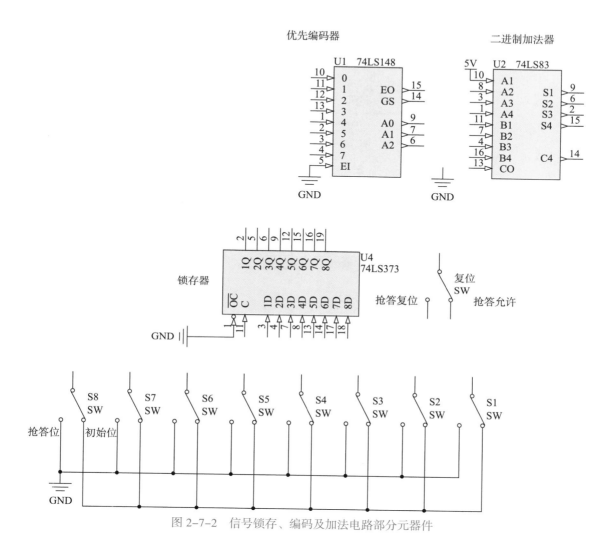

图 2-7-2　信号锁存、编码及加法电路部分元器件

设计 2　译码显示电路设计

电路设计要求：

（1）使用译码器 CD4511 设计一个译码显示电路，对编码信号译码并驱动数码管显示。

（2）参考如图 2-7-1 所示的八路抢答器电路原理框图，根据电路要求，使用一个译码器 CD4511、一个八段数码管，把图 2-7-3 连接完整，连接线可用网络标号表示。

2. 总硬件电路原理图

根据以上两部分模块电路设计一个八路抢答器电路，并完成硬件电路的完整电路图。硬件电路完整元器件如图 2-7-4 所示。

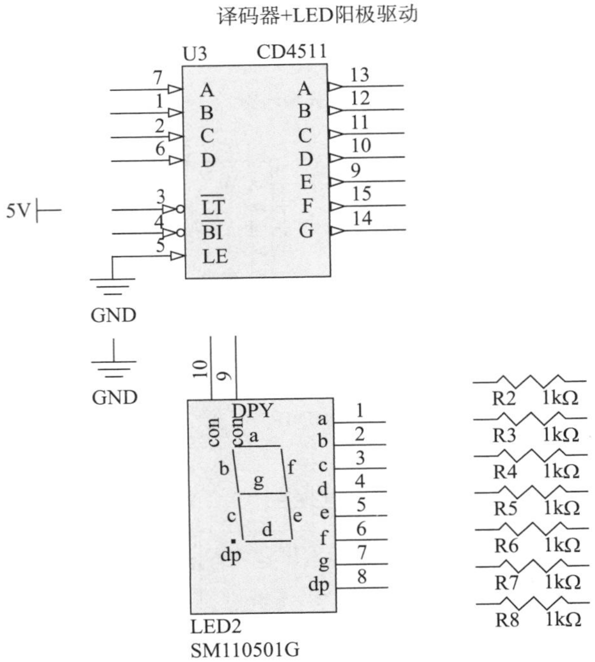

图 2-7-3 译码及驱动部分元器件

3. 元器件清单

八路抢答器电路设计元器件清单见表 2-7-1。

表 2-7-1 八路抢答器电路设计元器件清单

序号	名称	规格型号	数量
1	数码管	红色共阴极，19 mm × 13 mm	1
2	金属膜电阻器	1/4 W，330 Ω，允许偏差 ±1%，铜引线	1
3	金属膜电阻器	1/4 W，1 kΩ，允许偏差 ±1%，铜引线	6
4	集成芯片	HD74LS83AP，DIP16	1
5	集成芯片	HD74LS148P，DIP16	1
6	集成芯片	HD74LS373P，DIP20	1
7	集成芯片	CD4511BE，DIP16	1
8	方孔 IC 插座	7.62 mm × 2.54 mm，DIP-16P	3
9	方孔 IC 插座	7.62 mm × 2.54 mm，DIP-20P	1
10	发光二极管	ϕ 3 mm，红	1
11	插头芯	KT4BK9	4
12	台阶插座	K1A3，镀金	2
13	拨动开关	SS-12F44G5	9

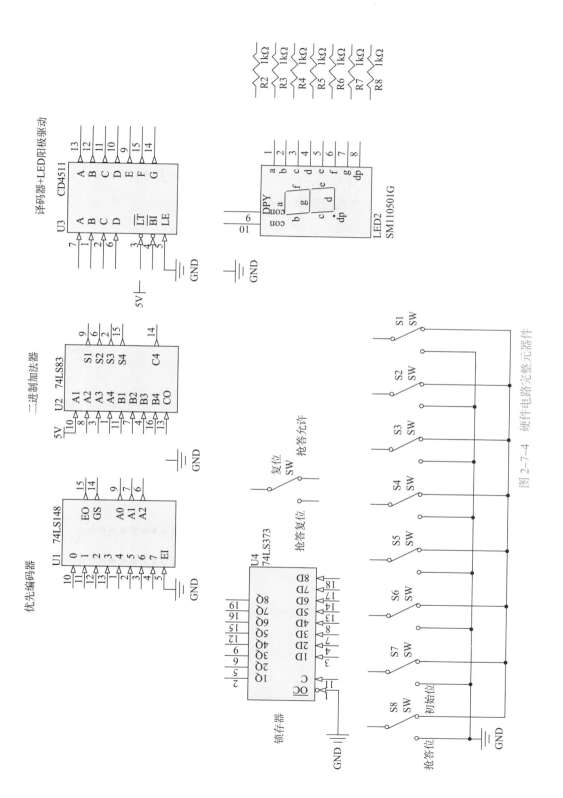

图 2-7-4 硬件电路完整元器件

任务二　八路抢答器电路 PCB 设计

1. PCB 设计要求

（1）单面底层布线 PCB，尺寸不大于 115 mm×95 mm，在 PCB 板图上标注尺寸。

（2）所有信号线宽不小于 11 mil，电源线的线宽不小于 12 mil，跳线不超过 5 处。线间安全距离不小于 11 mil。

（3）根据图 2-7-4 完成元器件布局，CD4511、74LS83、74LS373、74LS148、数码管的相对参考位置如图 2-7-5 所示，自行完成其余元器件布局。

（4）必须按元器件清单中的元器件设计 PCB。

（5）布线层（底层）实体接地敷铜，对于无网络连接部分的死铜不需要删除，以提高雕刻机制板效率。

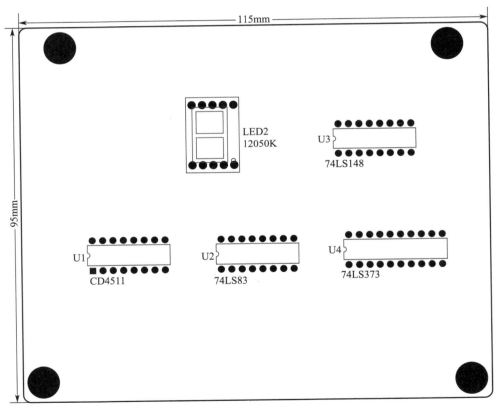

图 2-7-5　PCB 规定元器件布局图

2. 根据设计文件加工八路抢答器电路 PCB

依据绘制完成的 PCB 图，在雕刻机上制作电路板。电路板制作完成后要与绘制的 PCB

图进行对比，使用万用表检查走线是否有断线、短路等现象，确保电路板制作无误，为安装与调试做好准备。

任务三 八路抢答器电路板安装与调试

1. 电路板焊接

（1）工艺要求

1）按照先低后高、先小后大的原则安排焊接顺序。

2）根据装配工艺要求，保证元器件的装配方向正确，并安装到位。

3）检查焊点质量，无漏焊，焊点大小应适中，表面圆润有光泽，无毛刺、挂锡、拉点、连焊、虚焊等缺陷。

在进行元器件焊接时，要按照 IPC-A-610G 标准及要求进行操作，从而保证产品质量达到行业标准，好的焊接质量也可以略高于标准。

（2）电路焊接与安装

按照工艺要求完成电路焊接，焊接电路板实物参考图如图 2-7-6 所示。

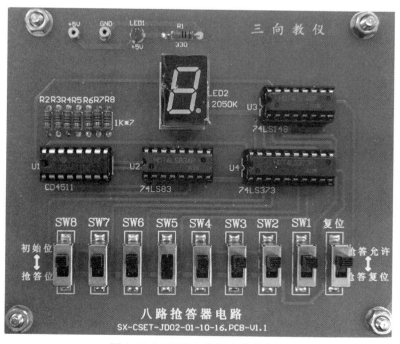

图 2-7-6 焊接电路板实物参考图

2. 电路调试

给抢答器接通电压，将开关拨到"抢答允许"位置，八路抢答器开关拨到"初始位"，

LED 数码管灯不亮。此时 74LS148 优先编码器输出端 14 脚 GS 输出高电平至 74LS373 地址锁存器 11 脚控制端口 C，高电平时，八个 D 型锁存器正常运行（导通），即锁存器的输出端与输入端 D 的反相信号始终同步。

八路抢答器开关中的任一开关拨至"抢答位"，LED 数码管灯亮，74LS148 优先编码器输出端 14 脚 GS 输出低电平至 74LS373 地址锁存器 11 脚，锁存器截止，D 锁存器输出端的状态保持不变。74LS148 优先编码器将编码后的信号输出至二进制加法器，信号经二进制加法器加 1 后输出至 CD4511 译码器，经 CD4511 译码后驱动共阴极数码管显示。再拨动其他开关时，LED 数码管数字不再变化。

（1）用示波器观察 CD4511 芯片 4 脚波形并记录在图 2-7-7 中。

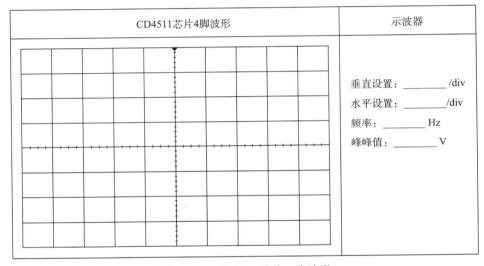

图 2-7-7　CD4511 芯片 4 脚波形

（2）分别拨动开关 SW1、SW2、SW3、SW4、SW5、SW6、SW7、SW8，数码管分别显示什么？

_____

_____

_____

_____

五、任务评价

完成八路抢答器电路设计项目后，按照表 2-7-2，在电路设计、PCB 设计、电路板组装、电路板功能等四个方面，对项目作品进行评价。

表 2-7-2　　　　　　　　　　　　　任务评价表

评分项目	评分点	配分	学生自评	教师评价
电路设计 （30分）	八路抢答器电路外围电阻器、电源、接地连接正确	15		
	八路抢答器电路连接正确	15		
PCB 设计 （30分）	单面底层布线 PCB，尺寸不大于 115 mm × 95 mm，在 PCB 图上标注尺寸正确	10		
	所有信号线宽不小于 11 mil，电源线的线宽不小于 12 mil，跳线不超过 5 处。线间安全距离不小于 11 mil	5		
	元器件布局：74LS373、74LS148、74LS83、CD4511、八段数码管相对参考位置如图 2-7-5 所示，自行布局其余元器件，完成布线	10		
	布线层（底层）实体接地敷铜，无网络死铜不删除	5		
电路板组装 （20分）	电阻器、电源、接地等元器件的焊接符合 IPC-A-610G 标准	8		
	线路板焊接工艺符合 IPC-A-610G 标准	6		
	线路板元器件组装工艺符合 IPC-A-610G 标准	6		
电路板功能 （20分）	抢答器功能正确	8		
	优先编码器逻辑功能正确	4		
	二进制加法器逻辑功能正确	4		
	译码器逻辑功能正确	4		
合计		100		

项目八
电子秒表电路设计

一、学习目标

1. 根据电子秒表电路的功能和相关逻辑要求，合理设计电路和选择元器件。
2. 运用 Altium Designer 软件或 Eagle 软件设计并绘制各模块及总硬件电路原理图。
3. 根据电子秒表电路原理图设计 PCB 线路。
4. 根据设计文件加工电子秒表电路 PCB。
5. 根据电路板焊接工艺要求焊接电子秒表电路并调试电路板功能，使产品正常运行。

二、项目描述

本项目是一个电子秒表电路，能实现"0～9.9"秒的计时功能。主要由 74LS90 集成芯片组成的计数电路、NE555 集成芯片组成的时钟电路、RS 触发器组成的复位及停止控制电路、与非门组成的开机清零电路和数码管显示电路构成，其电路原理框图如图 2-8-1 所示。电子秒表电路设计包括电路原理图设计、电路 PCB 设计、电路板安装与调试三个任务。

使用一片 NE555 芯片设计一个时钟脉冲发生器，产生 50 Hz 脉冲，经分频器 74LS90 芯片五分频后产生 10 Hz 方波基准频率（周期为 0.1 秒），加至第二个 74LS90 芯片输入脚开始计数并驱动数码管 B 从"1～9"显示后，同时从输出脚 QD 输出方波脉冲到第三个 74LS90 芯片输入脚，进行计数并在数码管 A 显示，最后数码管显示"9.9"秒。使用 74LS00 芯片组成 RS 触发器连接 74LS90 的控制端，按下按钮开关 K1 使电子计时停止，当按下按钮开关 K2 时，电子计时复位，并用 74LS00 芯片组成单稳态触发电路使电子秒表电路具备通电瞬间计数清零功能，从 0 开始计时。

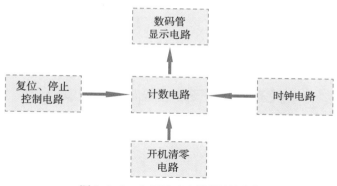

图 2-8-1　电子秒表电路原理框图

三、知识准备

1. 写出 NE555 芯片构成时钟脉冲发生器的方波周期计算公式，并计算 50 Hz 方波的电阻、电容参数。

_____

_____

2. 根据基本 RS 触发器输入、输出电平之间的关系，若设计为停止、复位电路时应分别输入什么电平？

停止电路：_____

复位电路：_____

3. 根据 74LS90 芯片的工作原理，简要说明十进制与五进制电路连接的方式。

_____

_____

_____

4. 根据 CD4511 芯片的工作原理，简要说明其控制端的连接方法及意义。

_____

_____

5. 若电子秒表使用三个数码管设计为显示"99.9"秒的电路，应该如何改造该电路？

_____

_____

_____

四、任务实施

任务一 电子秒表电路原理图设计

1. 模块电路设计

设计 1 时钟脉冲发生器原理图设计

电路设计要求：

（1）使用一片 NE555 集成芯片设计一个时钟脉冲发生器，输出频率为 50 Hz 的矩形波信号。

（2）参考图 2-8-2，根据电路要求及给出的部分电路元器件设计 NE555 脉冲发生器，仅能使用以下元器件。可选元器件：一个 NE555 集成芯片，一个 100 kΩ 电阻器，一个 100 kΩ 电位器，0.1 μF、0.01 μF 独石电容器各一个。连接线可用网络标号表示。

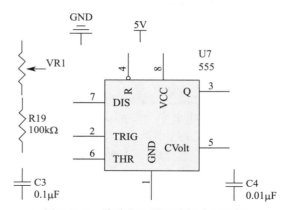

图 2-8-2 脉冲发生器电路部分元器件

设计 2 分频计数电路原理图设计

电路设计要求：

（1）使用三片 74LS90 集成芯片设计分频计数电路，U6 为五分频电路，U4、U5 均为十进制计数电路。

（2）参考图 2-8-3，根据电路要求及给出的部分电路元器件设计电子秒表的分频计数电路，可选元器件：三片 74LS90 集成芯片。连接线可用网络标号表示。

设计 3 数码管显示电路原理图设计

电路设计要求：

（1）使用 CD4511 芯片控制数码管，数码管正常显示数字"0 ~ 9"。

（2）参考图 2-8-4，根据电路要求及给出的部分电路元器件设计电子秒表的数码管显示

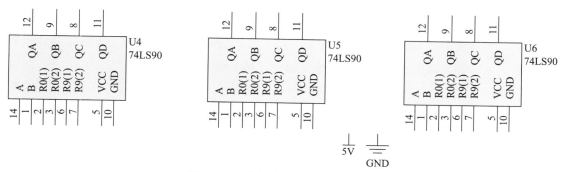

图 2-8-3　分频计数电路部分元器件

电路。可选元器件：两片 CD4511 集成芯片、两个红色共阴极数码管、14 个 510 Ω 电阻器。连接线可用网络标号表示。

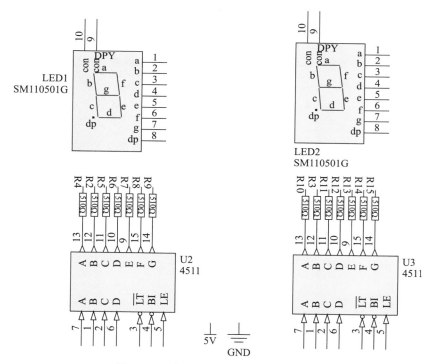

图 2-8-4　数码管显示电路部分元器件

设计 4　停止、复位控制电路原理图设计

电路设计要求：

（1）使用一片 74LS00 芯片构成基本 RS 触发器，S1、S2 分别控制电子秒表的停止与复位，复位信号可通过电容器后进行复位，停止信号通过一个与非门控制 NE555 芯片产生的脉冲输入。

（2）参考图 2-8-5，根据电路要求及给出的部分电路元器件设计电子秒表停止、复位控制电路。可选元器件：两片 74LS00 集成芯片、两个按键开关、两个 3 kΩ 电阻器、一个 560 pF 独石电容器。连接线可用网络标号表示。

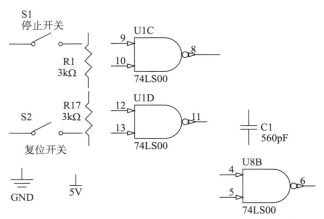

图 2-8-5　停止、复位控制电路部分元器件

设计 5　计数清零电路原理图设计

电路设计要求：

（1）电路要求：使用一片 74LS00 芯片构成基本 RS 触发器，在通电瞬间通过一个与非门组成的非门电路输出计数分频电路的清零信号。

（2）参考图 2-8-6，根据电路要求及给出的部分电路元器件设计电子秒表计数清零电路。可选元器件：两片 74LS00 集成芯片、一个 1.5 kΩ 电阻器、两个 470 Ω 电阻器、一个 4 700 pF 独石电容器。连接线可用网络标号表示。

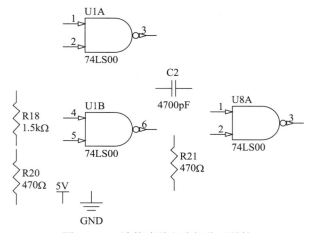

图 2-8-6　计数清零电路部分元器件

2. 总硬件电路原理图

根据以上五个模块电路，设计一个能进行 9.9 秒计时的电子秒表电路，并完成硬件电路的完整电路设计，硬件电路完整元器件如图 2-8-7 所示。

3. 元器件清单

电子秒表电路设计元器件清单见表 2-8-1。

表 2-8-1　　　　　　　　　　　　　　电子秒表电路设计元器件清单

序号	名称	型号	数量
1	插头芯	KT4BK9	4
2	台阶插座	K1A30，镀金	2
3	电路板测试针	test-1，黄色	4
4	发光二极管	φ3 mm，红色	1
5	金属膜电阻器	1/4 W，510 Ω，允许偏差 ±1%，铜引线	15
6	金属膜电阻器	1/4 W，470 Ω，允许偏差 ±1%，铜引线	2
7	金属膜电阻器	1/4 W，1.5 kΩ，允许偏差 ±1%，铜引线	1
8	金属膜电阻器	1/4 W，3 kΩ，允许偏差 ±1%，铜引线	2
9	金属膜电阻器	1/4 W，100 kΩ，允许偏差 ±1%，铜引线	2
10	精密可调电阻器	3296，104，100 kΩ	1
11	独石电容器	561〔CT4-50（1±5%）V，脚距 5 mm〕	1
12	独石电容器	103〔CT4-50（1±5%）V，脚距 55 mm〕	1
13	独石电容器	104〔CT4-50（1±10%）V，脚距 55 mm〕	6
14	独石电容器	472〔CT4-50（1±5%）V，脚距 55 mm〕	1
15	集成芯片	NE555P，DIP8	1
16	集成芯片	HD74LS00P，DIP14	2
17	集成芯片	SN74LS90P，DIP14	3
18	集成芯片	CD4511BE，DIP16	2
19	IC 插座	DIP14	5
20	IC 插座	DIP16	2
21	数码管	红色共阴极，19 mm×13 mm，12050 K	2
22	自复按钮开关	AN4，2×2，红色	2
23	IC 插座	DIP8	1

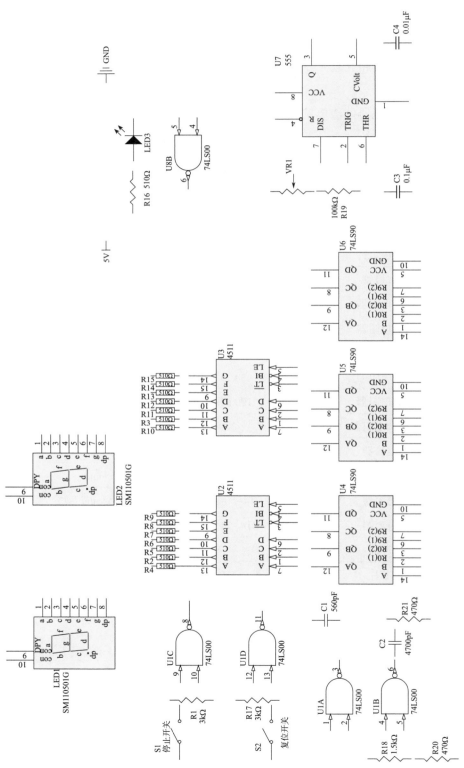

图 2-8-7　硬件电路完整元器件

任务二　电子秒表电路 PCB 设计

1. 设计要求

（1）单面底层布线 PCB，尺寸最大为 230 mm×100 mm，在 PCB 图上标注尺寸。

（2）所有信号线宽不小于 11 mil，电源线的线宽不小于 12 mil，跳线不超过 10 处。线间安全距离不小于 11 mil。

（3）按图 2-8-8 完成 U4、U5 两片 74LS90 芯片及数码管的布局，自行完成其余元器件的布局。

（4）必须按表 2-8-1 元器件清单中的元器件设计 PCB。

（5）布线层（底层）实体接地敷铜，对于无网络连接部分的死铜不需要删除，以提高雕刻机制板效率。

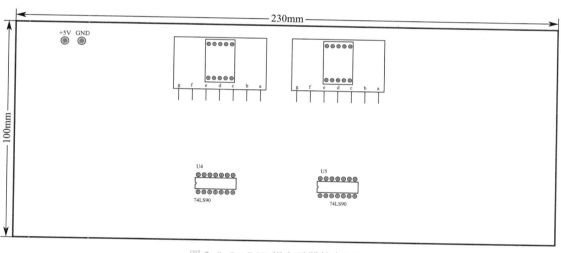

图 2-8-8　PCB 规定元器件布局图

2. 根据设计文件加工电子秒表电路 PCB

依据绘制完成的 PCB 图，在雕刻机上制作电路板。电路板制作完成后要与绘制的 PCB 图进行对比，使用万用表检查是否有断线、短路等现象，确保电路板制作无误，为安装与调试做好准备。

任务三　电子秒表电路板安装与调试

1. 电路板焊接

（1）工艺要求

1）按照先低后高、先小后大的原则安排焊接顺序。

2）根据装配工艺要求，保证元器件的装配方向正确，并安装到位。

3）检查焊点质量，无漏焊，焊点大小应适中，表面圆润有光泽，无毛刺、挂锡、拉点、连焊、虚焊等缺陷。

在进行元器件焊接时，要按照《电子组件的可接受性》（IPC-A-610G）标准及要求进行操作，从而保证产品质量达到行业标准，好的焊接质量也可以略高于标准。

（2）电路焊接与安装

按照工艺要求完成电路焊接，焊接电路板实物参考图如图 2-8-9 所示。

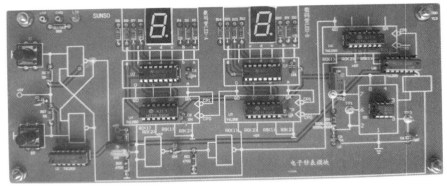

图 2-8-9　焊接电路板实物参考图

2. 电路调试

（1）连接 +5 V 电源，确认极性连接无误后开启稳压电源开关，调节 100 kΩ 电位器，用示波器测量 NE555 集成芯片 3 脚方波频率（50 Hz），并记录在图 2-8-10 中。

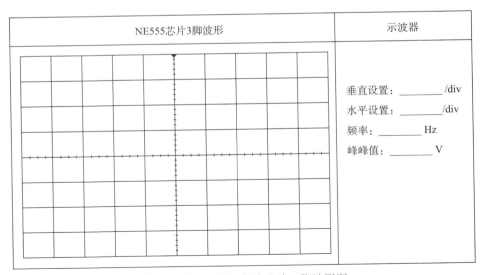

NE555芯片3脚波形	示波器
	垂直设置：_____ /div 水平设置：_____ /div 频率：_____ Hz 峰峰值：_____ V

图 2-8-10　NE555 集成芯片 3 脚波形图

（2）NE555 芯片输出的 50 Hz 方波经过 U6 74LS90 芯片五分频后得到频率为 10 Hz、周期为 0.1 s 的方波，测量 U6 74LS90 芯片 11 脚波形信号，并记录在图 2-8-11 中。

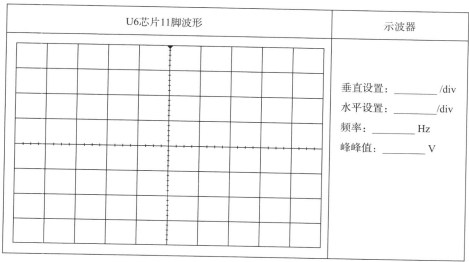

U6芯片11脚波形	示波器
	垂直设置：_____ /div
	水平设置：_____ /div
	频率：_____ Hz
	峰峰值：_____ V

图 2-8-11　U6 芯片 11 脚波形图

（3）当 74LS90 芯片 QA 脚与 B 脚相连，构成十进制计数器，使用示波器测量 U5 中 QD 脚（11 脚）输出波形，记录在图 2-8-12 中，同时与 U6 芯片的输入输出波形进行比较，确认其进制。

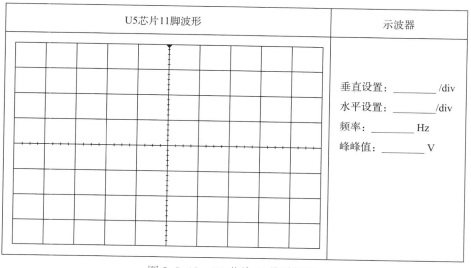

U5芯片11脚波形	示波器
	垂直设置：_____ /div
	水平设置：_____ /div
	频率：_____ Hz
	峰峰值：_____ V

图 2-8-12　U5 芯片 11 脚波形图

（4）在停止、复位控制电路中，按下按钮开关 S1 后，电压经过电容 C1 产生一个跳变信号，用数字示波器测量捕捉其跳变信号并记录在图 2-8-13 中。

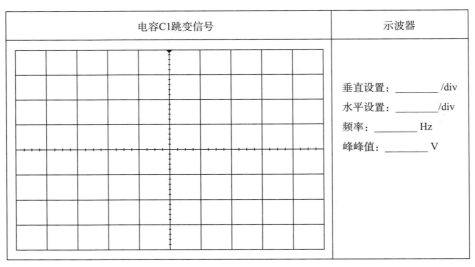

电容C1跳变信号	示波器
	垂直设置：_____ /div 水平设置：_____ /div 频率：_____ Hz 峰峰值：_____ V

图 2-8-13　电容 C1 跳变信号波形图

（5）当电源接通瞬间，电子秒表有时停止不动，有时开始计数，测试 U1 芯片 11 脚电压。启动时停止不动，U1 芯片 11 脚电压为_____V；启动时开始计数，U1 芯片 11 脚电压为_____V。分析原因：_____

_____。

五、任务评价

完成电子秒表电路设计项目后，按照表 2-8-2，在电路设计、PCB 设计、电路板组装、电路板功能等四个方面，对项目作品进行评价。

表 2-8-2　　　　　　　　　　任务评价表

评分项目	评分点	配分	学生自评	教师评价
电路设计 （30分）	原理图器件布局合理，连线整齐清晰	15		
	电子秒表电路连接正确	15		
PCB 设计 （30分）	单面底层布线 PCB，尺寸为 230 mm × 100 mm，在 PCB 图上标注尺寸正确	10		

评分项目	评分点	配分	学生自评	教师评价
PCB 设计 （30分）	所有信号线宽不小于 11 mil，电源线的线宽不小于 12 mil，跳线不超过 10 处。线间安全距离不小于 11 mil	5		
	元器件布局：74LS90 芯片及数码管相对参考位置如图 2-8-8 所示，自行布局其余元器件，完成布线	10		
	布线层（底层）实体接地敷铜，无网络死铜不删除	5		
电路板组装 （20分）	电阻器、电容器、IC 等元器件的焊接符合 IPC-A-610G 标准	8		
	线路板焊接工艺符合 IPC-A-610G 标准	6		
	线路板元器件组装工艺符合 IPC-A-610G 标准	6		
电路板功能 （20分）	NE555 时钟脉冲电路功能正常	4		
	数码管显示电路功能正常	4		
	分频计数电路功能正常	4		
	停止、复位控制电路功能正常	4		
	波形绘制完整，测试数据准确	4		
合计		100		

项目九
拔河游戏机电路设计

一、学习目标

1. 根据拔河游戏机电路功能和相关设计要求，合理设计电路和选择元器件。
2. 运用 Altium Designer 软件或 Eagle 软件设计及绘制拔河游戏机电路原理图。
3. 根据拔河游戏机电路原理图设计 PCB 线路。
4. 根据设计文件加工拔河游戏机电路 PCB。
5. 根据电路板焊接工艺要求焊接拔河游戏机电路并调试电路板功能，使产品正常运行。

二、项目描述

本项目是一个拔河游戏机电路，主要由控制器、脉冲产生器、可逆计数器、译码器和数码管显示电路构成，其原理框图如图 2-9-1 所示。拔河游戏机的设计包括电路原理图设计、电路 PCB 设计、电路板安装与调试三个任务。

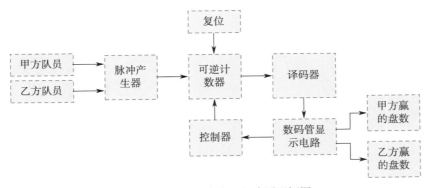

图 2-9-1　拔河游戏机电路原理框图

拔河游戏机共有 9 个发光二极管，开机后只有中间一个发亮，以此作为拔河的中心线，游戏双方各持一个按键，不断地快速按动以产生脉冲，亮点向按得快的一方移动，每按一次，亮点移动一次，直至任一方终端二极管发亮，这一方就获胜。此时双方再按键均无作用，输出状态保持，只有经复位操作才能使亮点恢复到中间。两个七段数码管用来显示双方取胜的盘数。

三、知识准备

1. 与非门组成的 RS 触发器的特征方程和约束条件是什么？

_____

_____

2. 请完成 CD4514 真值表（表 2-9-1）的填写。

表 2-9-1　　　　　　　　　　　　　　CD4514 真值表

禁止	译码器输入				输出逻辑
	D	C	B	A	
0					S0
0					S1
0	0	0	1	0	S2
0					S3
0	0	1	0	0	S4
0					S5
0	0	1	1	0	S6
0					S7
0	1	0	0	0	S8
0					S9
0	1	0	1	0	S10
0					S11
0	1	1	0	0	S12
0					S13
0	1	1	1	0	S14
0					S15
1	×	×	×	×	

（1＝高电平，0＝低电平，×＝任意状态）

3. 请完成 CD40193 真值表（表 2-9-2）的填写，请用 ↑ 代表上升沿，↓ 代表下降沿。

表 2-9-2   CD40193 真值表

加时钟	减时钟	预设使能	复位	动作
	1			加计数
	1			不计数
1				减计数
1				不计数
×	×			预设
×	×	×	1	复位

（1 = 高电平，0 = 低电平，× = 任意状态）

四、任务实施

任务一   拔河游戏机电路原理图设计

1. 模块电路设计

拔河游戏机电路需根据设计要求完成三个电路设计。

设计 1   脉冲发生电路设计

电路设计要求：

（1）设计两路脉冲发生电路，要求前端为基本 RS 触发器输入，RS 触发器的输出经过整形电路能够满足后面计数电路的正常工作。

（2）参考如图 2-9-1 所示的拔河游戏机电路原理框图，根据电路要求及给出的部分电路元器件（见图 2-9-2）设计脉冲产生电路，仅能使用以下元器件。可选元器件：两片 CD4011，一片 CD4081，两个 1 kΩ 电阻器，两个单刀双掷开关，连接线可用网络标号表示，电源供电为直流 5 V。

设计 2   计数和编码电路设计

电路设计要求：

（1）开机后只有中间一个 LED 发亮，通过接收脉冲发生电路产生的脉冲进行加减计数，控制 LED 向左或向右点亮，A、B 两路脉冲哪个快，亮点就向哪个方向移动，每一次脉冲亮点移动一次。亮点移到任一方终端二极管时，此时双方脉冲均无作用，输出状态保持，只有经复位操作才能使亮点恢复到中心。

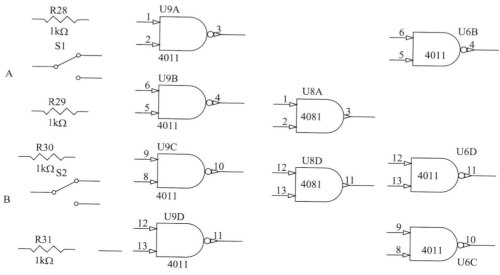

图 2-9-2 脉冲产生电路部分元器件

（2）参考如图 2-9-1 所示的拔河游戏机电路原理框图，根据电路要求及给出的部分电路元器件（见图 2-9-3）设计计数和编码电路，可使用一片 CD4514，一片 CD40193、两个 1 kΩ 电阻器，九个 510 Ω 电阻器，九个 LED，一个无锁按键，连接线可用网络标号表示，电源供电为直流 5 V。

设计 3　数码显示电路设计

电路设计要求：

（1）在每一次有一方获胜时，对应的数码管对获胜局数进行计数，当无锁按键按下时，数码管显示清零。

（2）参考如图 2-9-1 所示的拔河游戏机电路原理框图，根据电路要求及给出的部分电路元器件（见图 2-9-4）设计数码显示电路，仅能使用以下元器件。可选元器件：二片 4511，一片 CD4518，一片 CD4011，一片 CD4030，一个 1 kΩ 电阻器，无锁按键一个，连接线可用网络标号表示，电源供电为直流 5 V。

2. 总硬件电路原理图

根据以上三部分模块电路完成拔河游戏机硬件电路的完整电路设计。拔河游戏机硬件电路完整元器件如图 2-9-5 所示。

3. 元器件清单

拔河游戏机电路设计元器件清单见表 2-9-3。

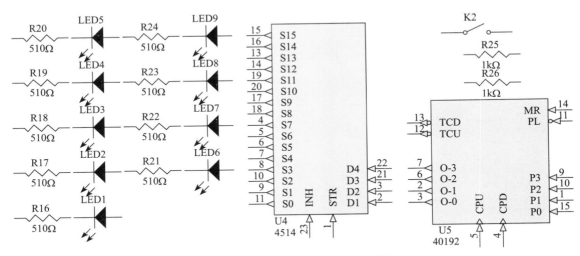

图 2-9-3　计数和编码电路部分元器件

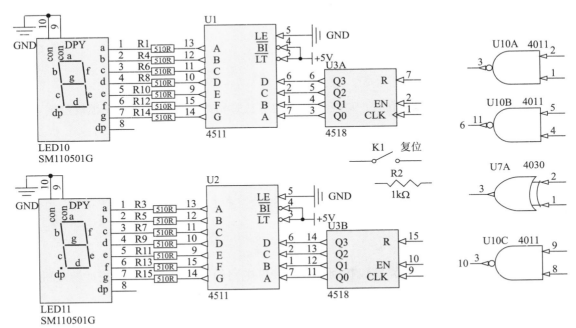

图 2-9-4　计数码显示电路部分元器件

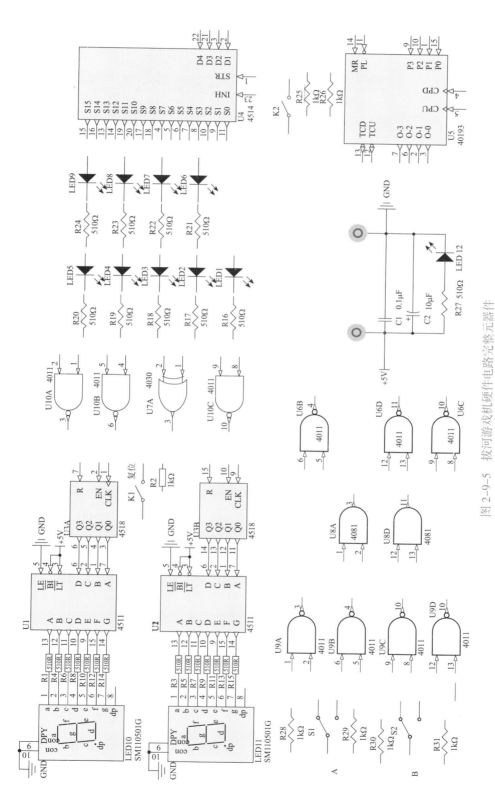

图 2-9-5　拨河游戏机硬件电路完整元器件

表 2-9-3 拔河游戏机电路设计元器件清单

序号	名称	规格参数	数量
1	插头芯	KT4BK9	4
2	台阶插座	K1A30，镀金	2
3	发光二极管	ϕ3 mm，红	10
4	金属膜电阻器	1/4 W，510 Ω，允许偏差 ±1%，铜引线	24
5	金属膜电阻器	1/4 W，1 kΩ，允许偏差 ±1%，铜引线	4
6	金属膜电阻器	1/4 W，10 kΩ，允许偏差 ±1%，铜引线	2
7	独石电容器	104［CT4-50（1±10%）V），脚距 5 mm］	4
8	电解电容器	CD11-10 μF/16（1±10%）V），铜引线	1
9	集成芯片	CD4011BE，DIP14	3
10	集成芯片	CD40193BE，DIP16	1
11	集成芯片	CD4511BE，DIP16	2
12	集成芯片	CD4514BE，DIP24	1
13	集成芯片	CD4518BE，DIP16	1
14	集成芯片	CD4030BE，DIP14	1
15	集成芯片	CD4081BE，DIP14	1
16	方孔 IC 插座	7.62 mm×2.54 mm，DIP-14P	5
17	方孔 IC 插座	7.62 mm×2.54 mm，DIP-16P	4
18	方孔 IC 插座	宽体/15.24 mm×2.54 mm，DIP-24P	1
19	数码管	红色共阴极 19 mm×13 mm（小），SM110501G	2
20	自复按钮开关	AN4 2×2，红色	2
21	钮子开关	MTS-102	2

任务二　拔河游戏机电路 PCB 设计

1. 设计要求

（1）单面底层布线 PCB，尺寸不大于 230 mm×95 mm，在 PCB 图上标注尺寸。

（2）所有信号线宽不小于 11 mil，电源线的线宽不小于 12 mil，跳线不超过 5 处。线间安全距离不小于 11 mil。

（3）按图 2-9-6 完成钮子开关、自复按钮、数码管的布局，自行布局其余元器件。

（4）必须按元器件清单中的元器件设计 PCB。

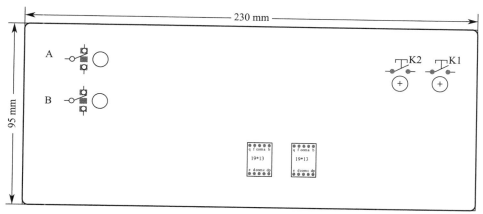

图 2-9-6 PCB 规定元器件布局图

（5）布线层（底层）实体接地敷铜，对于无网络连接部分的死铜不需要删除，以提高雕刻机制板效率。

2. 根据设计文件加工拔河游戏机电路 PCB

依据绘制完成的 PCB 图，在雕刻机上制作电路板。制作完成后要与绘制的 PCB 图进行对比，使用万用表检查是否有断线、短路等现象，确保电路板制作无误，为安装与调试做好准备。

任务三　拔河游戏机电路板安装与调试

1. 电路板焊接

（1）工艺要求

1）按照先低后高、先小后大的原则安排焊接顺序。

2）根据装配工艺要求，保证元器件的装配方向正确，并安装到位。

3）检查焊点质量，无漏焊，焊点大小应适中，表面圆润有光泽，无毛刺、挂锡、拉点、连焊、虚焊等缺陷。

在进行元器件焊接时，要按照 IPC-A-610G 标准及要求进行操作，从而保证产品质量达到行业标准，好的焊接质量也可以略高于标准。

（2）电路焊接与安装

按照工艺要求完成电路焊接，焊接电路板实物参考图如图 2-9-7 所示。

2. 电路调试

（1）主要技术性能试验

在环境温度低于 30℃、环境相对湿度小于 80% 的条件下，使用直流稳压源、信号发生器、双踪示波器、频率计、万用表等设备按照下面的步骤进行功能和参数的测量，将测量

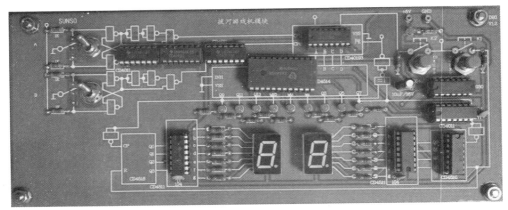

图 2-9-7　焊接电路板实物参考图

结果记录在相应的表格内。严禁 +5 V 稳压电源电压高于 5.5 V。

（2）工作电源电流测试

1）连接 +5 V 电源，确认极性连接无误后开启稳压电源开关。

2）不断地按动开关 A 或 B，使数码管变化到 8 时，测量电源电流并记录。

电源电流：_____。

（3）工作时 LED 显示状态测试

1）连接 +5 V 电源，确认极性连接无误后开启稳压电源开关。

2）迅速地、不断地按动开关 A 或 B，脉冲经整形后变为一个占空比很大的脉冲，整形电路由与门 CD4081 和与非门 CD4011 组成。

3）脉冲分别加至 CD40193 可逆计数器 5 脚和 4 脚。当电路要求进行加法计数时，减法输入端 CPD 必须为高电平；进行减法计数时，加法输入端 CPU 也必须为高电平，计数器数据端 Q0、Q1、Q2、Q3 和译码器 CD4514 输入端 D1、D2、D3、D4 对应相连。

4）4 线 -16 线译码器 CD4514 的输出 S0、S1、S3、S5、S7、S9、S11、S13、S15 分别接 9 个发光二极管，二极管的负端接地，正端接译码器，当输出为高电平时发光二极管点亮。比赛准备，译码器输入为 0000，S0 输出为 0，中心处二极管首先点亮，当编码器进行加法计数时，亮点 LED 向右移，进行减法计数时，亮点 LED 向左移。复位后，将开关 A、B 分别按下不同的次数，将 LED 状态记录在表 2-9-4 中。

表 2-9-4　　　　　　　　　　　　　　　　LED 状态记录表

LED 状态	LED1	LED2	LED3	LED4	LED5	LED6	LED7	LED8	LED9
按键次数					A				
1									

续表

LED 状态	LED1	LED2	LED3	LED4	LED5	LED6	LED7	LED8	LED9
2									
3									
4									
5									
按键次数					B				
1									
2									
3									
4									
5									

（4）工作时数码管显示状态

1）连接 +5 V 电源，确认极性连接无误后开启稳压电源开关。

2）迅速地、不断地按动开关 A 或 B。

3）当点亮最右侧或最左侧 LED 时相应的数码管显示获胜局数，共可显示 9 轮，按下按键 K1 或 K2 可使相应的数码管复位，从 0 开始。

五、任务评价

完成拔河游戏机电路设计项目后，按照表 2-9-5，在电路设计、PCB 设计、电路板组装、电路板功能等四个方面，对项目作品进行评价。

表 2-9-5 任务评价表

评分项目	评分点	配分	学生自评	教师评价
电路设计（30分）	脉冲产生电路连接正确	10		
	LED 指示电路连接正确	10		
	数码管指示电路连接正确	10		
PCB 设计（30分）	单面底层布线 PCB，尺寸不大于 230 mm × 95 mm，在 PCB 图上标注尺寸正确	10		
	所有信号线宽不小于 11 mil，电源线的线宽不小于 12 mil，跳线不超过 5 处。线间安全距离不小于 11 mil	5		

评分项目	评分点	配分	学生自评	教师评价
PCB 设计 （30 分）	元器件布局：钮子开关、自复按钮、数码管布局位置正确，布线正确合理	10		
	布线层（底层）实体接地敷铜，无网络死铜不删除	5		
电路板组装 （20 分）	电阻器、电容器、IC 等元器件的焊接符合 IPC-A-610G 标准	8		
	线路板焊接工艺符合 IPC-A-610G 标准	6		
	线路板元器件组装工艺符合 IPC-A-610G 标准	6		
电路板功能 （20 分）	脉冲产生电路功能正确	8		
	LED 指示电路功能正确	4		
	数码管指示电路功能正确	8		
合计		100		

模块三
真题训练

项目一
电梯控制电路硬件设计

　　电梯控制电路是第 43 届世界技能大赛电子技术项目硬件设计试题，题目要求设计如图 3-1-1 所示的电梯控制硬件电路，包括部分原理图设计、PCB 图设计、电路板安装与调试等。

图 3-1-1　电梯 PCB 图

一、内容简介

1. 内容

本试题项目建议书包括以下资料和文件：

（1）TP16_43BR_EN.doc（打印的试题及答题纸）。

（2）TP16_43BR_KR_01_EN.pdf：Schematic（原理图）。

2. 简介

本硬件设计任务将用到每位选手的技能和能力：

（1）选手能够根据给定的图纸和说明设计一个产品的电路。

（2）选手能够使用 Altium Designer 软件设计印制电路板。

（3）选手能够完成有足够功能的作品。

3. 工程与任务描述

（1）电路设计和原理图绘制（时间：2.5 小时，第一天）

1）完成四个设计。按要求完成设计，仅能使用零件清单里的元器件进行设计，可能不需要使用清单里的所有元器件。

2）选手不能使用模拟工具。

3）选手能够通过元器件数据表来读取元器件，这些数据表仅在个人计算机的 Data Sheet Pack（数据表包）中提供。这些数据表包必须由大赛组织方提供，不能使用选手自己带的硬盘拷贝数据，但选手可以使用大赛组织方提供的硬盘拷贝数据。当选手完成设计时，需要将答案写在答题纸上并提交给专家。必须在比赛开始 1 个小时之后才可以提交设计答案，提交后选手将收到给出答案的原理图输入到 Altium 软件里，在试题的这个阶段选手不能开始 PCB 设计。

（2）设计印制电路板（时间：2.5 小时）

1）用 Altium Designer 或 Eagle 软件来设计 PCB。

2）完成设计，并将 PCB Gerber 文件保存到指定的硬盘中。

3）使用不小于 0.3 mm（12 mil）宽的布线作为信号线，并用不小于 0.5 mm（20 mil）宽的布线作为电源线，线间最小间距为 0.3 mm（12 mil）。

4）线路板尺寸为 100 mm × 160 mm，误差 ± 0.2 mm。

5）在线路板生成过程中，不要添加多余的层。

6）印制电路板上绝对不能有任何关于国家 / 选手的标识。

7）需要按照题目要求所示的位置来放置元器件。

（3）创建并测试硬件设计工程（时间：2小时）

1）组装 PCB，并且检查其运行情况。

2）完成项目，并且提交所有的产品和文件。

4. 选手须知

这个电路包含了一个 10 层的电梯，七段数码管和 LED 组指示电梯所在的楼层：0 表示第一层，9 表示第十层。通过按钮开关选择要去往的楼层，LED 组将以 1 Hz 的频率按顺序从现有楼层到选择的楼层顺次点亮。

如果选择的楼层高于当前楼层，七段数码管数字升位计数，如果选择楼层低于现有楼层，七段数码管数字降位计数，电梯框图如图 3-1-2 所示。

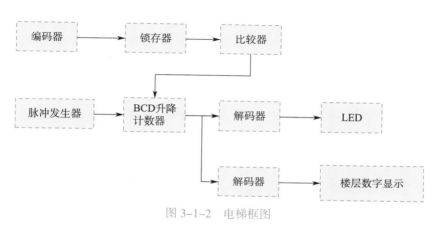

图 3-1-2　电梯框图

二、原理图设计

1. 设计 1　编码器电路

参考如图 3-1-2 所示的电梯框图，根据按键逻辑表（表 3-1-1）的内容设计一个 10 输入的编码器，设计的部分电路已经给出，如图 3-1-3 所示。仅能使用以下元器件。

（1）一个 4532 集成芯片。

（2）两个二极管 1N4148。

（3）一个 CD4071。

（4）电阻器若干。

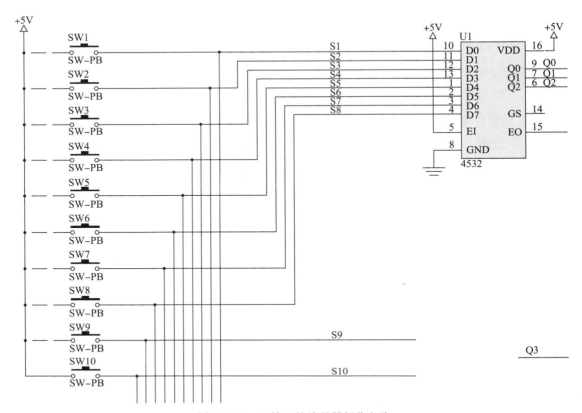

图 3-1-3　10 输入的编码器部分电路

表 3-1-1　　　　　　　　　　　　逻辑表

按钮开关	Q0	Q1	Q2	Q3
按下 SW1	0	0	0	0
按下 SW2	1	0	0	0
按下 SW3	0	1	0	0
按下 SW4	1	1	0	0
按下 SW5	0	0	1	0
按下 SW6	1	0	1	0
按下 SW7	0	1	1	0
按下 SW8	1	1	1	0
按下 SW9	0	0	0	1
按下 SW10	1	0	0	1

2. 设计 2　脉冲发生器电路

使用一个 NE555 多谐振荡器设计一个脉冲发生器,来产生一个 1 Hz 的信号输出波形。NE555 设计 1 Hz 脉冲部分电路如图 3-1-4 所示,根据公式 $T = 0.693 [(R_{13} + 2R_{14}) C_2]$,确定 R13、R14 和 C2 的值。

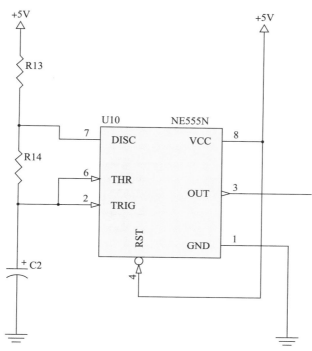

图 3-1-4　NE555 设计 1 Hz 脉冲部分电路

3. 设计 3　锁存器电路

参考如图 3-1-2 所示的框图,使用 4069 集成芯片和 JK 触发器 4027 集成芯片设计一个锁存电路,其中锁存器部分电路如图 3-1-5 所示。

4. 设计 4　BCD 升降计数器和比较器电路

参考如图 3-1-2 所示的框图,使用 74LS85 比较器集成芯片(1EA)和一个 4510 升降计数集成芯片设计电梯楼层升降计数电路,如按下的楼层数高于现在的楼层则升计数,反之则降计数。部分电路如图 3-1-6 所示。

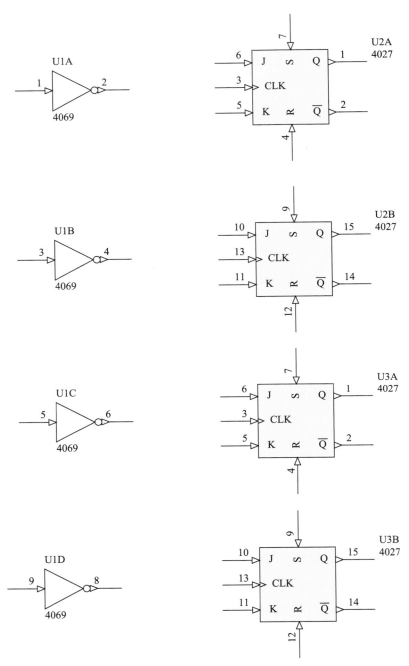

图 3-1-5 锁存器部分电路

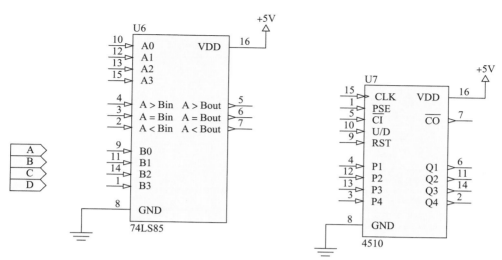

图 3-1-6　电梯楼层升降计数部分电路

三、元器件清单

电梯控制电路设计的元器件清单见表 3-1-2。

表 3-1-2　　　　　　　　　　　　元器件清单

序号	名称	规格型号	数量	标注
1	集成芯片	CD4532，DIP-16	1	
2	集成芯片	4027，DIP-16	2	
3	集成芯片	4069，SMD-14	1	
4	集成芯片	CD4071，DIP-14	1	
5	集成芯片	4510，DIP-16	1	
6	集成芯片	4028，DIP-16	1	
7	集成芯片	4511，DIP-16	1	
8	集成芯片	74LS85，DIP-16	1	
9	定时器	NE555，SMD-8	1	
10	数码管	FND500	1	
11	电阻器	330 Ω，1/4 W	2	电阻
12	电阻器	3.9 kΩ，1/4 W	2	
13	电阻器	4.7 kΩ，1/4 W	1	
14	电阻器	10 kΩ，1/4 W	1	

序号	名称	规格型号	数量	标注
15	电阻器	56 kΩ，1/4 W	1	
16	电阻器	100 kΩ，1/4 W	1	
17	排阻	1 kΩ，5-pin	1	电阻网络
18	排阻	1 kΩ，7-pin	1	
19	二极管	1N4148	2	
20	电容器	10 μF/16 V	1	
21	按钮开关	TS-1105	10	
22	发光二极管	333HD，红	10	
23	IC 插座	DIP-14	1	
24	IC 插座	DIP-16	7	
25	终端接口	CLL5.08-2P	1	

四、答题纸

1. 设计1　编码器电路

首先在表 3-1-3 中填写选手所在国家及选手编号，设计图纸需要画到图 3-1-7 的空白处。

表 3-1-3　　　　　　　　　　选手信息

选手国家	选手编号	验收专家

图 3-1-7　编码器设计图纸

2. 设计 2　脉冲发生器电路

首先在表 3-1-4 中填写选手所在国家及选手编号，设计图纸需要画到图 3-1-8 的空白处，将计算的 R13、R14、C2 的参数值填写在表 3-1-5 中。

表 3-1-4　　　　　　　　　　　选手信息

选手国家	选手编号	验收专家

表 3-1-5　　　　　　　　　　　元件参数值

R13	R14	C2

图 3-1-8　脉冲发生器设计图纸

3. 设计 3　锁存器电路

首先在表 3-1-6 中填写选手所在国家及选手编号，设计图纸需要画到图 3-1-9 的空白处。

表 3-1-6　　　　　　　　　　　选手信息

选手国家	选手编号	验收专家

图 3-1-9　锁存器设计图纸

4. 设计 4　BCD 升降计数器和比较器电路

首先在表 3-1-7 中填写选手所在国家及选手编号，设计图纸需要画到图 3-1-10 的空白处。

表 3-1-7　　　　　　　　　　　　　选手信息

选手国家	选手编号	验收专家

图 3-1-10　升降计数器和比较器设计图纸

5. 总原理图

需要设计的总原理图如图 3-1-11 所示。

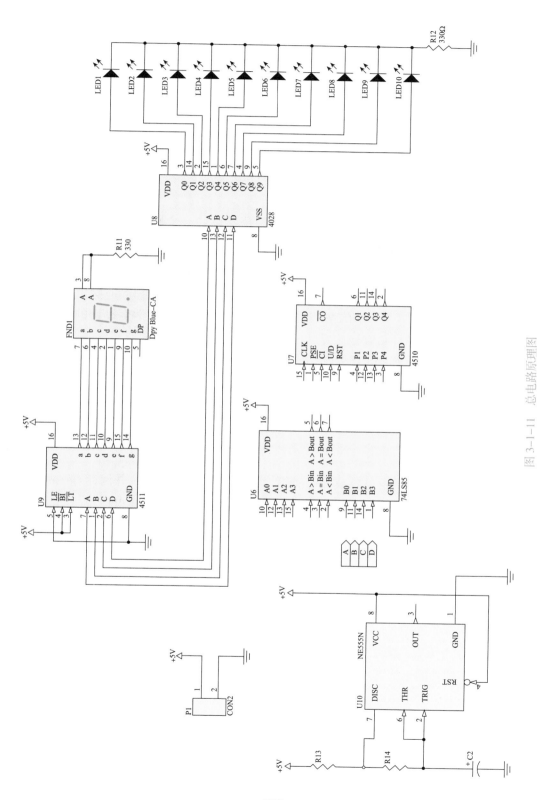

图 3-1-11　总电路原理图

五、解题思路

1. 原理图设计

设计 1 中，题目要求设计一个 10 输入的编码器，学生需要参阅 4532 和 CD4071 芯片资料，包括内部结构图、芯片引脚图、真值表资料，还应参阅这些芯片的常用方法和相应的电路。有些电路可以用 Multisim 和 Proteus 仿真软件仿真设计效果。由于题中已经给出了 10 个按键的真值表，设计比较简单。

设计 2 中，题目要求使用一个 NE555 多谐振荡器设计一个脉冲发生器，来产生一个 1 Hz 的信号输出波形。根据公式 $T = 0.693（R_{13}+2R_{14}）C_2$，确定 R13、R14 和 C2 的值，其中 NE555 设计 1 Hz 脉冲部分电路（见图 3-1-4）已经给出。

设计 3 中，题目要求使用 4069 和 JK 触发器 4027 设计一个锁存电路。题中给出了 4069 芯片结构及引脚图，要自己理解 JK 触发器的知识点，并会应用。学生设计的电路可以用 Multisim 和 Proteus 仿真软件仿真设计效果。

设计 4 中，题目要求使用 74LS85 比较器集成芯片和一个 4510 升降计数集成芯片，设计升降和比较的电路，要参阅 74LS85 和 4510 芯片资料，包括内部结构图、芯片引脚图、真值表资料，还应参阅这些芯片的常用方法和相应的电路。也可以用 Multisim 和 Proteus 仿真软件仿真设计电路。

2. 设计印制电路板

需要应用 Altium Designer 软件或 Eagle 软件设计 PCB，完成设计，并保存 Gerber 文件到指定的硬盘中。其中线宽、线间最小距离、线路板尺寸要按照题目要求设置，同时元器件的位置要按照题目要求摆放。

3. 创建并测试硬件设计工程

首先焊接电路板，焊接要求符合《电子组件的可接受性》（IPC-A-610D）标准，即符合行业标准，好的焊接质量也可以略高于标准。按照先低后高、先小后大的原则安排焊接顺序。注意元器件装配的方向，并安装到位，其中电阻的色环方向要一致。检查焊点质量，无漏焊，焊点大小适中，表面圆润有光泽，无毛刺、挂锡、拉点、连焊、虚焊等缺陷。然后通电调试，直到功能全部实现。

项目二
迷宫控制器硬件设计

迷宫控制器电路是第44届世界技能大赛电子技术项目硬件设计试题，题目要求根据已知的电路原理图设计迷宫控制器硬件电路，包括部分原理图设计、PCB图设计、原型板安装与调试等。

一、内容简介

1. 内容
本试题项目建议书包括以下资料和文件：
（1）WSC2017_TP16_HDW_V1.0_FULL（本打印文档）。
（2）答题卡。

2. 简介
本硬件设计任务将用到每位选手的技能和能力：
（1）选手能够根据给定的图纸和说明设计一个产品的电路。
（2）选手能够使用LTspice仿真工具来验证所设计的电路。
（3）选手能够使用Altium Designer工具，并在指定的规则下绘制PCB。
（4）选手能够装配、安装、校准产品，运行产品。

3. 工程与任务描述

（1）电路设计与仿真（时间：2小时，第一天）

1）按要求完成设计，仅能使用零件清单里的元器件进行设计，可能不需要使用清单里的所有元器件。

2）选手在需要时可以使用模拟工具。

3）选手能够通过元器件数据表来读取元器件，这些数据表仅在个人计算机的Data Sheet Pack（数据表包）中提供。这些数据表包由大赛组织方提供，不能使用选手自己带的硬盘拷贝数据，但选手可以使用大赛组织方提供的硬盘拷贝数据。当选手完成设计时，需要将答案写在答题纸上并提交给专家。必须在比赛开始 1 个小时之后才可以提交设计答案，提交后选手将收到给出答案的原理图输入到 Altium Designer 软件里，在试题的这个阶段选手不能开始 PCB 设计。

（2）设计印制电路板（时间：3.5 小时，第一天）

1）用 Altium Designer 或 Eagle 软件设计印制电路板。

2）完成设计，并保存 PCB 文件到指定的硬盘中。

3）使用不小于 0.3 mm（12 mil）宽的布线作为信号线，并用不小于 0.5 mm（20 mil）宽的布线作为电源线，线间最小间距为 0.2 mm（8 mil）。

4）线路板尺寸为 120 mm × 80 mm，只能设计单面板。

5）在线路板生成过程中，不要添加多余的层。

6）电路板必须有选手的名字。

7）需要按照题目要求的位置来放置元器件。

（3）创建并测试硬件设计工程（时间：2 小时）

1）焊接、组装并调试电路板，测试运行情况。

2）完成工程，并且提交所有的产品和文件。

4. 选手须知

本电路是一个迷宫控制器，分为两个部分（不包含挑战项目）：

（1）根据输入频率控制伺服输出，通道 A 控制 X 电机的倾斜角度，通道 B 控制 Y 电机的倾斜角度。

（2）设计启动 / 停止信号电路。迷宫中金属球接触金属触点控制开始和结束。电路可以在输出中实现一个波形信号，使得当产生一个启动脉冲时电路开始工作，产生停止脉冲时电路停止工作。从功能上讲，智能手机应用程序会产生一个正弦波，利用手机的加速度计来改变频率，每个音频通道由加速度计的一个轴控制。

（3）附加一个挑战项目，当应用程序接收到从麦克风接口输入的 1 kHz 信号，即用户开始走迷宫时，启动计时，直到走出迷宫停止计时，最终用户将能知道自己走出这个迷宫的速度快慢。

设计过程中不一定需要智能手机，所有的波形都可以由信号发生器产生，所产生的输出信号可以用示波器检测。如果电路工作正常，可以与智能手机相连，迷宫控制器功能框图如图 3-2-1 所示。

5. 工作流程

为了将迷宫控制器的想法转化为电子电路，需设计以下两个电路框图。

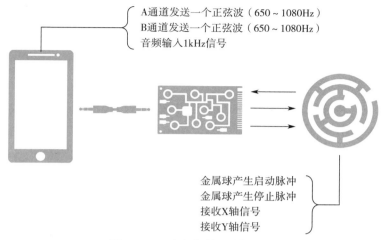

图 3-2-1　迷宫控制器功能框图

电路 1：输入为两个正弦波，分别是 X、Y 轴控制信号，输出是一个基于输入频率大小改变的脉冲，控制电机的偏转角度，如图 3-2-2 所示。

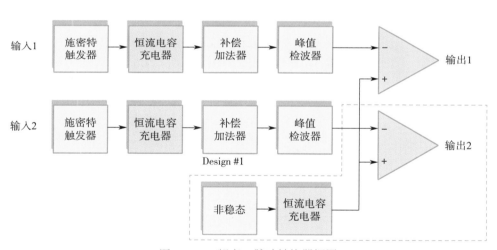

图 3-2-2　频率 - 脉冲转换器框图

电路 2：本电路有一个单独的输入，用以接收 +12 V 启动脉冲和 -12 V 停止脉冲，当接收到 +12 V 信号后产生一个 1 kHz 方波输出信号，如图 3-2-3 所示。

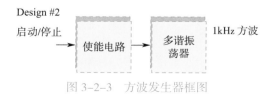

图 3-2-3　方波发生器框图

二、原理图设计

1. 设计1 直流信号转换成脉冲信号电路

参考图3-2-2，将输入的650~1080 Hz正弦波信号转换成电平信号，直流电压值范围为1.8~2.8 V，再把电平信号转换成一个方波输出信号，输出信号高电平时间（TH）如图3-2-4所示，低电平时间（TL）范围为25 ms>TL>20 ms，即应在周期22 ms到27 ms之间驱动电机偏转。本电路可以用LTspice仿真工具进行仿真，并将结果粘贴到答题纸上。设计的部分电路已经给出，如图3-2-5所示，仅能使用以下元器件。

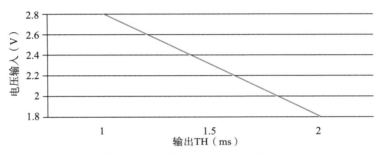

图3-2-4 输入电压与输出方波高电平时间（TH）关系

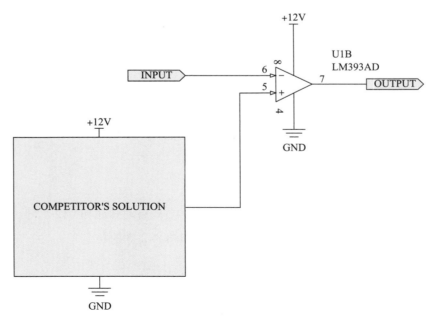

图3-2-5 正弦波信号转换成脉冲信号部分电路

（1）一片 NE555 集成芯片。

（2）一个二极管 1N4148。

（3）两个三极管 BC807。

（4）电容器和电阻器数量不限。

2. 设计 2　启动 / 停止电路

参考图 3-2-3，输入信号默认为高电平，当金属球放下去后触发继电器工作，电路接收到 +12 V 脉冲，输出一个启动信号，使 NE555 振荡器能够保持，直到金属球再次触发，电路接收到 -12 V 脉冲，振荡器停止工作。根据已给出的电路计算 R1 和 C1 产生 1 kHz 方波输出信号时的参数，并填到答题纸上。设计的部分电路已经给出，如图 3-2-6 所示，仅能使用以下元器件。

（1）1 片 LM358。

（2）一个二极管 1N4148。

（3）电容器和电阻器数量不限。

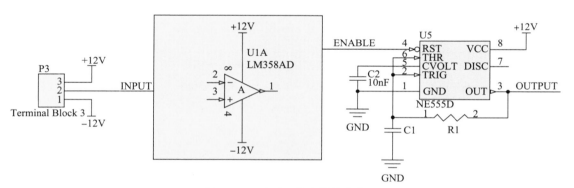

图 3-2-6　启动 / 停止部分电路

三、元器件清单

迷宫控制器电路设计的元器件清单见表 3-2-1。

表 3-2-1　　　　　　　　　　　迷宫控制器电路元器件清单

序号	物料名称	规格型号	数量	备注
1	舵机	银燕 EMAX 3054 金属齿数字舵机	2	
2	金属膜电阻器	1/4 W，100 Ω，允许偏差 ±1%，铜引线	10	

续表

序号	物料名称	规格型号	数量	备注
3	金属膜电阻器	1/4 W，510 Ω，允许偏差 ±1%，铜引线	10	
4	金属膜电阻器	1/4 W，820 Ω，允许偏差 ±1%，铜引线	10	
5	金属膜电阻器	1/4 W，1.5 kΩ，允许偏差 ±1%，铜引线	10	
6	金属膜电阻器	1/4 W，2.7 kΩ，允许偏差 ±1%，铜引线	10	
7	金属膜电阻器	1/4 W，56 kΩ，允许偏差 ±1%，铜引线	10	
8	精密可调电阻器	3296/102/1 kΩ	5	
9	精密可调电阻器	3296/502/5 kΩ	5	
10	电解电容器	CD11-1 μF/50（1±10%）V，铜引线	10	
11	电解电容器	CD11-10 μF/25（1±10%）V，铜引线	10	
12	发光二极管	ϕ 5 mm，黄	10	
13	发光二极管	ϕ 5 mm，红	10	
14	贴片电阻器	102/0805，允许偏差 ±5%	20	
15	贴片电阻器	103/0805，允许偏差 ±5%	20	
16	贴片电阻器	153/0805，允许偏差 ±5%	20	
17	贴片电阻器	333/0805，允许偏差 ±5%	20	
18	贴片电容器	103/25V0805，允许偏差 ±10%	20	
19	贴片电容器	104/25V0805，允许偏差 ±5%	20	
20	贴片电容器	223/25V0805，允许偏差 ±10%	20	
21	贴片三极管	BC807/PNP 45 V 0.5 A SOT23	20	
22	贴片三极管	BC817/NPN 50 V 500 mA SOT23	20	
23	贴片二极管	LL4148 SMB	20	
24	贴片集成芯片	NE555，SOIC-8	20	
25	贴片集成芯片	TL084C	20	
26	贴片集成芯片	LM358DR，SOP8	20	
27	贴片集成芯片	LM393，SOIC-8	20	
28	台阶插座	K1A30 镀金	7	
29	音频接口	SJ-43514-SMT-TR，CONN JACK 4COND 3.5 mm SMD R/A	1	
30	螺钉式 PCB 接线端子	KF128L-5.0 3P，绿色	5	
31	螺钉式 PCB 接线端子	KF128L-5.0 2P，绿色	5	
32	通信继电器	HK3FF-DC12V-SHG 5T	5	

续表

序号	物料名称	规格型号	数量	备注
33	排针	1×40P	1	
34	电路板测试针	test−1，黑色	20	
35	电路板测试针	test−1，黄色	20	
36	迷宫控制器模块电路板	SX−SCPCB−031−01.PCB−V1.0	1	

四、答题纸

1. 设计 1　直流信号转换成脉冲信号电路

首先在表 3-2-2 中填写选手所在国家及选手编号，将模拟结果复制到下面的方框中，然后打印并签名后提交答案。

表 3-2-2　　　　　　　　　　　选手信息

选手国家	选手编号	验收专家

输入波形

输出波形

设计电路

图 3-2-7　正弦波信号转换成脉冲信号电路参考答案

2. 设计 2　启动 / 停止电路

首先在表 3-2-3 中填写选手所在国家及选手编号信息，将设计图纸画到图 3-2-8 中，将计算的 R1、C1 的参数值填写在表 3-2-4 中。

表 3-2-3　　　　　　　　　　　　　　　选手信息

选手国家	选手编号	验收专家

设计电路

图 3-2-8　启动 / 停止电路设计原理图

表 3-2-4　　　　　　　　　　　设计 2 中 R1、C1 的参数值

$R_1 =$	$C_1 =$

3. 总原理图

需要设计的总原理图如图 3-2-9 所示。

五、解题思路

1. 原理图设计

设计 1 中，题目要求设计一个正弦波信号转换成电平信号电路（F/V 转换电路），将手机输入的正弦波信号转换成 1.8 ~ 2.8 V 的电平信号，再使用一片 NE555 芯片设计一个随着直流电压变化而改变高电平时间（TH）（电压值与 TH 关系已经给出），输出 2 ms>TH>1 ms，25 ms>TL>20 ms 的脉冲信号，驱动电机工作，让金属球滚动起来。本电路可以用 LTspice 仿真软件仿真设计的效果。

设计 2 中，题目要求利用一个运算放大器控制振荡器的振荡状态，使用一个 NE555 多

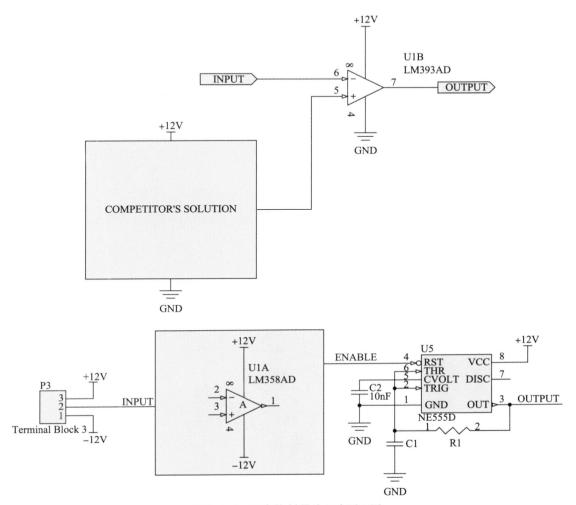

图 3-2-9　迷宫控制器总电路原理图

谐振荡器设计一个脉冲发生器，产生一个 1 kHz 的输出信号波形。其中利用 NE555 设计实现 1 kHz 脉冲输出的部分电路（图 3-2-6）已经给出，根据公式 $T=0.693 \times R_1 \times C_1$，确定 R1、C1 的参数值。本电路关于 NE555 振荡器电路的设计是比较不常见的设计方式，可通过了解 NE555 的内部结构分析推算其周期的计算公式。

2. 设计印刷电路板

需要应用 Altium Designer 软件或 Eagle 软件设计 PCB，完成设计，并保存 Gerber 文件到指定的硬盘中。其中线宽、线间最小距离、线路板尺寸要按照题目要求设置，同时元器件的位置要按照题目要求摆放。

3. 创建并测试硬件设计工程

首先焊接电路板，焊接的要求应符合《电子组件的可接受性》（IPC-A-610G）标准，即符合行业标准，好的焊接质量也可以略高于标准。按照先低后高、先小后大的原则安排焊接顺序。注意元器件装配的方向，并安装到位，其中电阻的色环方向要一致。检查焊点质量，无漏焊，焊点大小适中，表面圆润有光泽，无毛刺、挂锡、拉点、连焊、虚焊等缺陷，然后通电调试，直到功能全部实现。

项目三
数字电压表电路故障排除

数字电压表（DVM）电路是第 43 届世界技能大赛电子技术项目故障排除模块试题，题目要求排除图 3-3-1 所示的数字电压表电路故障，使之能够正常工作。试题内容包括故障现象记录、故障查找与排除、测量与调试。

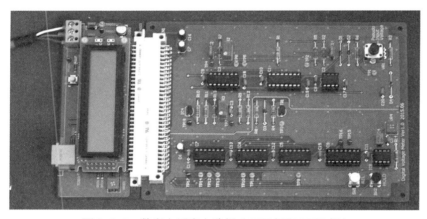

图 3-3-1　数字电压表电路板（CPU 板和 DVM 板）

一、内容简介

1. 内容

本试题任务包括以下资料和文件：

（1）WSC2015_TP16_pre_BR_EN.docx（任务试题文件）。

（2）WSC2015_TP16_BR_01_EN.pdf（DVM 板原理图）。

（3）WSC2015_TP16_BR_02_EN.pdf（CPU 板原理图）。

（4）WSC2015_TP16_BR_03_EN.pdf（DVM 板元器件布局图）。

（5）Data Sheet PDF files（元器件数据表）。

2. 参赛者说明

故障查找和修理

（1）有五个不符合要求说明的故障，找到它们并维修。

（2）描述缺陷的元器件和故障符号。

（3）当需要维修元器件时，选手和专家都需要在元器件清单上签字。

（4）描述维修的证据。

（5）最多可申请 7 个元器件。

（6）故障填写说明与示例。

用表 3-3-1、表 3-3-2、表 3-3-3 所列示例记录每个故障。

表 3-3-1   故障符号与描述表

故障符号	描述	故障符号	描述
∕ ＼	开路（元器件、线路或 PCB）	↕	电压过高（引脚、输入、输出等）
✕	短路（元器件、线路或 PCB）	↕	电压过低（引脚、输入、输出等）
↑	参数过高（电阻器、电容器等）	？	错误的元器件或接线
↓	参数过低（电阻器、电容器等）	+/−	极性错误

表 3-3-2   故障位置描述表

位置	示例
电源	+5 V/+12 V/−5 V/−12 V/GND
IC 引脚	IC2_8
R/C/L 元器件	R7_1（左 / 上：1，右 / 下：2）
测试点	TP1
两元器件间	R1−R2

表 3-3-3   答案描述示例

	故障元器件	故障现象
故障点 #1	R1	↓
	修复前	修复后

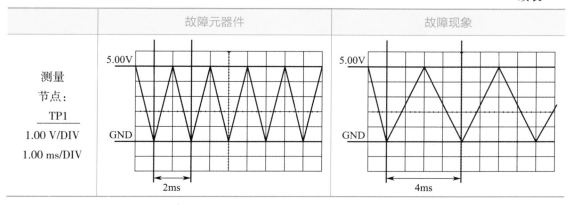

故障元器件	故障现象
测量 节点： <u>TP1</u> 1.00 V/DIV 1.00 ms/DIV		

3. 选手须知

DVM（数字电压表）原型线路板如图 3-3-1 所示，它由相关公司设计并组装。DVM 板即为故障板，而 CPU 板已经完成了，选手不需要对 CPU 板进行验证。选手需要根据 DVM 参数规格说明（表 3-3-4）的要求进行调整、测量和验证，如果板上有任何故障，选手需要维修并且记录。

表 3-3-4   DVM 参数规格说明

说明	单位	参数			备注
		最小	典型	最大	
产品规格					
最小测量电压	V			0.00	
最大测量电压	V	10.0	11		
电压分辨率	mV		1.22		13 bit A/D
电压误差	%	−5		+5	
硬件说明					
充电时间	ms	4.75	5.00	5.25	
时钟脉冲时间	μs	4.64	4.88	5.13	
参考电压	V	0.594	0.625	0.656	

DVM 板包含双集成 A/D 转换器，图 3-3-2 和图 3-3-3 分别为 A/D 转换器框图和时序图。

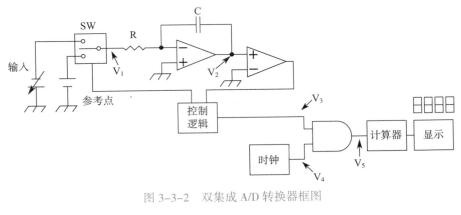

图 3-3-2　双集成 A/D 转换器框图

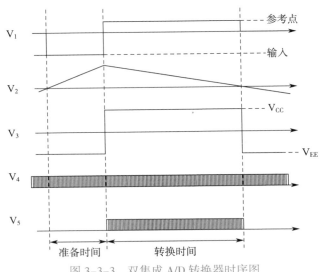

图 3-3-3　双集成 A/D 转换器时序图

二、故障排除流程

选手的任务是找出电路的五个故障并加以修复，将故障存在的证据记录到答题卡上，选手也可以结合故障符号来描述故障。当选手查找到一个故障时，记录故障存在的证据并修复该故障，如果使用到备件箱中的元器件，需要在答题卡上写出元器件的名称。在比赛结束时，评审小组将检查所有选手用过的备件箱里的元器件，并与答案进行比较，如果使用了非必要元器件，将被扣分。

选手完成故障查找并修复后，测量以下五个指标：

1. 调节 VR1，在 TP1 处加 0、1 V、2 V···、10 V 电压，在验证表 1 上记录 LCD 显示的数值，验证电压误差范围，并根据验证表绘制测量图。

2. 测量 TP16 的电压波形，调节 VR4，并且验证充电时间。

3. 测量 TP15 的电压波形，并且验证时钟脉冲时间。

4. 测量 TP7 和 TP8 的电压，调节 VR3，并且验证参考电压。

5. 记录 TP3、TP4、TP9、TP10、TP11、TP12、TP13、TP14 和 TP16 的逻辑时序图。

关于每一个测量点，用表 3-3-5 所示的设备符号绘制如何测量的草图，测量原理图如图 3-3-4 所示。

表 3-3-5　　　　　　　　　　　　　　　设备符号表

设备	符号
电源	+ ◯ −
电压表	Ⓥ
电流表	Ⓐ
示波器	◯
函数信号发生器	Ⓕ
接地	⏚

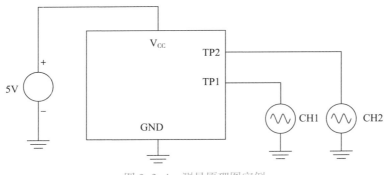

图 3-3-4　测量原理图实例

三、元器件清单

备件箱中元器件清单见表 3-3-6。

表 3-3-6   备件箱元器件清单

序号	名称	规格	位号	数量	选手需求	选手签字	专家签字
1	薄膜电容器	0.01 μF	C1	1			
2	薄膜电容器	0.1 μF	C2	1			
3	瓷片电容器	0.1 μF	C3，C5，C8 ~ C15，C17 ~ C20	14			
4	薄膜电容器	470 pF	C4	1			
5	电解电容器	100 μF	C6	1			
6	电解电容器	47 μF	C7，C16	2			
7	二极管	1N4148	D1，D2	2			
8	肖特基二极管	1S4	D3	1			
9	齐纳二极管	TZX11A	D4	1			
10	NPN 晶体管	2N3904	TR1	1			
11	模拟开关	DG202BDJ	IC1	1			
12	运算放大器	LF412CN	IC2	1			
13	运算放大器	TL034IN	IC3	1			
14	基准电源芯片	TL431ACZ	IC4	1			
15	双 D 触发器芯片	74HC74	IC5，IC6	2			
16	与门芯片	74HC08	IC7	1			
17	振荡器	LMC555CN	IC8	1			
18	计数器	74HC4060	IC9	1			
19	电阻器	1/4 W，390 Ω，允许偏差 5%	R1	1			
20	电阻器	1/4 W，100 kΩ，允许偏差 1%	R2，R5	2			
21	电阻器	1/4 W，120 Ω，允许偏差 5%	R3	1			
22	电阻器	1/4 W，10 kΩ，允许偏差 5%	R4，R6	2			
23	电阻器	1/4 W，91 kΩ，允许偏差 5%	R7	1			
24	电阻器	1/4 W，100 kΩ，允许偏差 5%	R8，R9，R12	3			
25	电阻器	1/4 W，1 kΩ，允许偏差 5%	R10	1			
26	电阻器	1/4 W，1.5 kΩ，允许偏差 5%	R11	1			
27	电阻器	1/4 W，470 Ω，允许偏差 5%	R13	1			
28	电阻器	1/4 W，12 kΩ，允许偏差 5%	R14	1			
29	可调电阻器	10 kΩ	VR1	1			

续表

序号	名称	规格	位号	数量	选手需求	选手签字	专家签字
30	可调电阻器	20 kΩ	VR2	1			
31	可调电阻器	100 Ω	VR3	1			
32	可调电阻器	5 kΩ	VR4	1			
33	开关	B3 W−1050	SW1，SW2	2			

四、答题纸

1. 故障点答题纸

	故障元器件	故障符号
故障点 #1		
	修复前	修复后
测量 #1 节点：_____		

	故障元器件	故障符号
故障点 #2		
	修复前	修复后
测量 #1 节点：_____		

续表

	故障元器件	故障符号
故障点 #3		
	修复前	修复后

测量 #1 节点：＿＿＿＿		

	故障元器件	故障符号
故障点 #4		
	修复前	修复后

测量 #1 节点：＿＿＿＿		

	故障元器件	故障符号
故障点 #5		
	修复前	修复后

测量 #1 节点：＿＿＿＿		

2. 测量点答题纸

测量 1

测量原理图

验证表 1

TP1（V）	值	标准		验证 OK：✔
		最小	最大	

测量 2

测量原理图

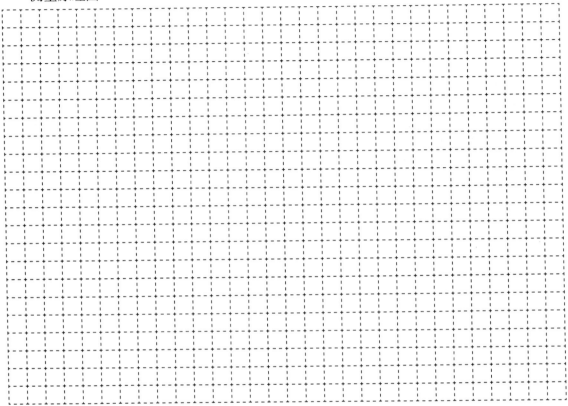

测量输出

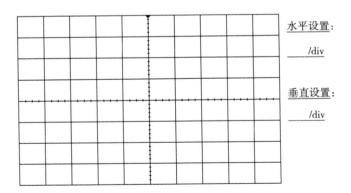

水平设置:

_____ /div

垂直设置:

_____ /div

验证

| 测量 | 值 | 标准 | | 验证 |
		最小	最大	OK: ✓

测量 3

测量原理图

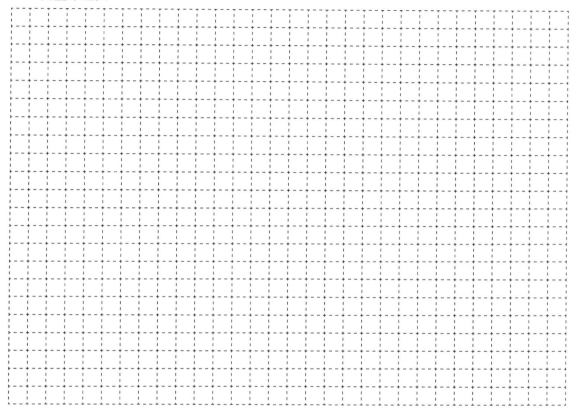

测量输出

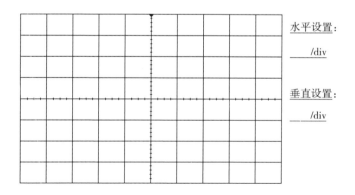

水平设置:

_____ /div

垂直设置:

_____ /div

验证

测量	值	标准		验证
		最小	最大	OK：✓

测量 4

测量原理图

测量输出

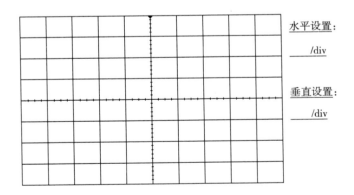

水平设置:

_____ /div

垂直设置:

_____ /div

验证

| TP | 测量 | 值 | 标准 | | 验证 |
			最小	最大	OK: ✓
TP7					
TP8					

测量 5

测量原理图

测量输出

TP9

TP14

TP16

TP10

TP11

TP12

TP13

TP3

TP4

五、解题思路

1. 分析电路工作原理

选手拿到待维修的电路板后，首先分析电路原理图，看懂电路图。本试题对象是数字电压表电路板，在双集成 A/D 转换器框图中，V_1 为拨码开关高低电平信号，经过积分电路得到 V_2 为三角波，再通过过零比较器得到方波，控制逻辑控制该方波得到 V3，方波时钟信号 V4 和 V3 相乘，V3 的高电平为转换时间，转换后的数字信号最后去控制显示屏。其他电路也进行同样的分析。

2. 应用仪器查找故障点

在分析电路的基础上，按照原理图逐级分析，测量实际的波形和原理图分析的波形有何不同，如果不同，所测电路周围可能有故障，逐个检查元器件，看是否有短路、断路、元器件值变大或者变小，或者元器件损坏，需要更换的元器件应该在备件箱元器件清单中选择。

3. 描述维修依据及故障点维修测量

找到故障点后，首先根据电路原理把发给选手的故障板维修好，然后按照表 3-3-1、表 3-3-2、表 3-3-3 中的故障符号、故障位置、维修前信号和维修后信号填写，有些信号需要用示波器测量。

说明：第 44 届世界技能大赛之前是在试卷上选手自己画图，第 45 届开始使用泰克示波器自带的通信软件测量，把测量的波形直接剪贴到 Word 试卷上，最后提交。

4. 测量维修后波形

故障板维修好后，按照试卷测量下面五个指标。

（1）调节 VR1，在 TP1 处加 0、1 V、2 V、…、10 V 电压，在验证表 1 上记录 LCD 显示的数值，验证电压误差，根据验证表绘制测量图。

（2）测量 TP16 的电压波形，调节 VR4，并且验证充电时间。

（3）测量 TP15 的电压波形，并且验证时钟脉冲时间。

（4）测量 TP7 和 TP8 的电压，调节 VR3，并且验证参考电压。

（5）记录 TP3、TP4、TP9、TP10、TP11、TP12、TP13、TP14 和 TP16 的逻辑时序图。关于每一个测量点，使用表 3-3-5 中设备符号绘制如何测量的草图。把以上 5 点测量完后，在试卷上按照试卷要求绘制测量图。

最后，把维修好的电路板用洗板水清洗，然后再次测量，同时检查试卷上的波形是否正确。

项目四
风力发电系统电路故障排除

风力发电系统电路是第 44 届世界技能大赛电子技术项目故障排除模块试题，题目要求排除图 3-4-1 所示的风力发电系统电路故障，使之能够正常工作。试题内容包括故障现象记录、故障查找与排除、测量与调试。

图 3-4-1　风力发电系统整机

一、内容简介

1. 内容
本试题任务包括以下资料和文件：

（1）答题卡 1、2。

（2）技术手册（包括电路图、布置图、元器件清单等）。

2. 参赛者说明

（1）该装置中共有五处故障。选手的任务是：

1）在比赛时间内用已给出的检查清单测试装置的初始状态。时间 10 分钟。

2）确认所有元器件都位于备件箱中。

3）找出 5 处故障。

4）每找到一处故障，记录下故障存在的证据。

5）修复故障，如有必要，用备件箱中的元器件进行更换。

6）当找到所有故障时，按照所给的指示执行最后的测量和调节，并填写操作确认表。

（2）测试初始状态

选手拿到需查找故障的装置，得到专家许可时，可以利用附带的检查清单测试装置的初始状态。除了列入检查清单中的检查外，选手不可以执行其他检查。

（3）备件箱

每位选手都有一个装有备用元器件的箱子。备件箱里有修理装置所需的所有元器件及一些额外的元器件。对照备件箱所附的材料清单，选手可以确认清单上的所有元器件数量。

（4）使用备件箱中的元器件

选手在修复故障并使用备件箱中元器件时，需要在答题纸上写出元器件的名称。在比赛结束时，评审小组将数出备件箱中用掉的元器件，并与答题纸进行比较。如果选手更换了不必要的元器件，将会被扣分；选手在查找故障的过程中替换了任何元器件，有可能会被扣分；缺少（例如丢失）了任何元器件，将会被扣分；如果使用了任何不必要的元器件，选手可能会被扣分。

有时为了隔离故障，必须更换元器件，在这种情况下不会被扣分，但是如果明显不需要更换的元器件被更换了，则会被扣分。

（5）故障填写说明与示例

1）用表 3-4-1、表 3-4-2、表 3-4-3 所列示例记录每个故障。

表 3-4-1　　　　　　　　　　　　　故障符号与描述表

故障符号	描述	故障符号	描述
╱ ╲	开路（元器件、线路或 PCB）	↑	电压过高（引脚、输入、输出等）
╳	短路（元器件、线路或 PCB）	↓	电压过低（引脚、输入、输出等）
↑	参数过高（电阻器、电容器等）	？	错误的元器件或接线

续表

故障符号	描述	故障符号	描述
↓	参数过低（电阻器、电容器等）	+/−	极性错误

表 3-4-2　　　　　　　　　　　故障位置描述表

位置	示例
电源	+5 V/+12 V/−5 V/−12 V/GND
IC 引脚	IC2_8
R/C/L 元器件	R7_1（左 / 上：1，右 / 下：2）
测试点	TP1
两元器件间	R1−R2

表 3-4-3　　　　　　　　　　　故障描述示例

	故障元器件	故障符号
故障点 #1	U3_3	↓
	修复前	修复后
测量 #1 节点：U3_3	U3 的 3 脚被焊锡与地短接，使用万用表测量短路（0.01 欧姆）	输出（3.1 kHz） 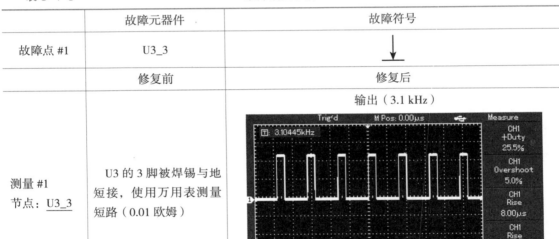

　　如果用示波器波形作为证据，则将示波器中的图片拷到 U 盘里，并将波形文件（jpg 或 bmp 格式）复制到答卷 1（Word 文件）的贴图区里。选手也可以通过电脑（Tektronix 开放式 PC 通信软件）里的通信程序，使用电脑中的示波器，直接将图片保存到文件夹中。

　　2）测量和调节。

　　完成故障查找后，按照所附说明，进行最终的测量和调节。调节完成后，按照表 3-4-4 的记录方法（图像文件，将示波器测量结果记录在答卷 2 中），将波形和数据记录在答卷 2 上。

表 3-4-4   测量数据记录示例

波形	示波器
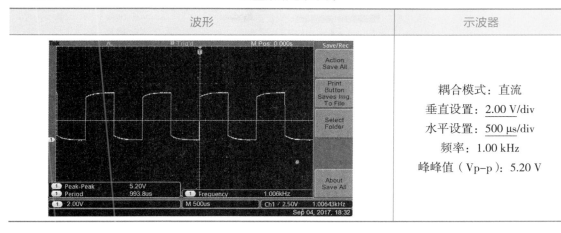	耦合模式：直流 垂直设置：2.00 V/div 水平设置：500 μs/div 频率：1.00 kHz 峰峰值（Vp-p）：5.20 V

3. 选手须知

本产品是一种利用风力发电的数字风力发电系统，用直流电动机产生的机械能替代风能。直流电动机带动发电机旋转发电，选手检修的电路就是测量发电机转速、电压和电流的电路。用脉宽调制（PWM）单元控制直流电动机的转速，所有技术细节见数字风力发电系统技术手册（整机如图 3-4-1 所示，前面板如图 3-4-2 所示）。

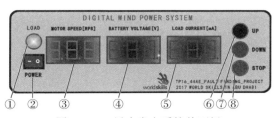

图 3-4-2 风力发电系统前面板

前面板操作说明	
①负载（LED）	⑤负载电流显示
②电源开关	⑥电动机控制速度加速按钮
③RPS（转／秒）显示	⑦电动机控制速度减速按钮
④产生的电压显示	⑧电动机停止按钮

风力发电系统框图如图 3-4-3 所示。

（1）直流电动机的转速由前面板上的电动机控制加速按钮（SW1）、电动机控制减速按钮（SW2）和停止按钮（SW3）控制。

（2）电压、电流和直流发电机的转数显示在前面板上。

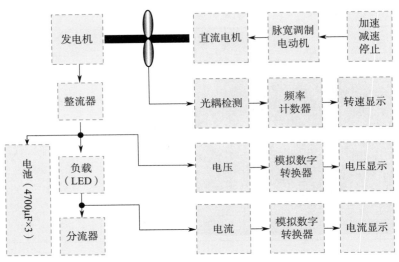

图 3-4-3 风力发电系统框图

（3）每个按钮的状态通过内部 LED（D2，D4，D5）显示。

（4）直流电动机的 PWM 控制值为 16 步 ［0000（0）～1111（15）］控制的，使用 4 个内部 LED 阵列（D3）显示。

（5）选手使用前面板上的加速、减速和停止按钮来调整直流电机的速度。

（6）充电电能用于操纵面板上的高亮 LED（D1），它根据直流电动机的转速变化。

二、故障排除流程

任务 1：操作检查清单

选手拿到需查找故障的装置并得到专家许可时，可以开始检查。通过检查清单确保所有装置都有同样的故障状况，并在清单中用 X 标记正确的运行功能，用 W 标记错误的运行功能。

故障状况检查清单

1. 设备通电（按下电源开关）。

2. 当设备接通电源，LED（D12，D13，D14，D15）点亮。

3. 通过内部 LED（D2，D4，D5）显示加速（SW1）、减速（SW2）、停止（SW3）按钮开关的选择。

4. 当按下加速、减速按钮时，指示灯 D3 的亮度通过这一操作多级改变。

5. 当加速、减速按钮被按下时，电动机电源指示灯 D9（绿色）点亮。

6. 没有显示电动机速度的速度指示装置。

7. 电池电压指示错误（用 DVM 从点 TP1 引脚处测量，并与标示进行对比）。

8. 负载电流指示器在启动时持续闪烁约 1 秒，之后开始显示"随机"值。

9. 如果电动机在转动，按下停止按钮电动机应停止转动。

任务 2：故障查找和修复

选手任务是找出装置的五个故障并加以修复。使用前面所述符号，将故障的证据记录到答题卡上，选手也可以结合证据符号来描述故障。

当选手查找到故障时，记录故障证据并修复该故障，如果使用到备件箱中的元器件，需要在答题卡上写出元器件名称。比赛结束时，评审小组将检查所有用过的备件箱里的元器件，并与答题记录进行比较，如果选手使用了不必要元器件，将被扣分。

任务 3：测量和调节

选手完成故障查找时，需要继续实施测量工作。将电路板接通电源，然后按照下面的指示，进行第一次装置校准。校准装置时，按照下列清单用示波器进行测量，并按照同样的证据采集方法（图像文件，将示波器测量结果记录在答题卡 2 中）将波形和数据记录在答题卡 2 上。

1. 校准

（1）按下加速、减速按钮，使 LED（D3）的值为 1111（15），在 PCB 连接器处（J6 #1 引脚）［电压计］测量发电机电压。调节可变电阻器（R34，2 kΩ），使前面板电压显示值与所测输出值一致，测得的电压在 0.00 至 9.80 V 之间。

（2）按下加速、减速按钮，使 LED（D3）的值为 1111（15），测量 PCB 连接器（J11 #3 引脚）［电流计］电压。该电压通过分流电阻 10 Ω（R75）被用作前面板电流显示的输入值。4.56 mV 相当于 0.456 mA，67.8 mV 相当于 6.78 mA，依此类推。

（3）调节可变电阻器（R52，2 kΩ），使测得的电压与前面板显示的电流对应。

（4）被测电压应在 0.00 至 74.0 mV 之间变化，与显示电流 0.00～7.40 mA 相同。

（5）当在 PCB 连接器（J11 #1 引脚）［RPS］处测量电动机转速时，按下加速、减速按钮，应该测得一个方波脉冲。

（6）如果测量到脉冲波形，则证实了方波脉冲出现在集成运算放大器（U19 #1 引脚）。

（7）如果未在 U19#1 引脚处测得方波脉冲，则调节可变电阻器（R66，100 kΩ），使方波脉冲能够被测量到。

（8）调节可变电阻器（R71，50 kΩ），使被测电动机转速［RPS］与前面板上的 RPS 一致。

（9）由于螺旋桨有两个叶片，被测的旋转数应产生两个脉冲。因此，测得的脉冲数除以 2 的结果应与 RPS 值相对应。

（10）被测的旋转数应在 0 到 120 之间。

2. 测量

当校准完成后，用同样的证据采集方法（图像文件，将示波器所测得的结果记录在答题卡 2 上），将波形与数据记录在答题卡 2 上。

（1）测量 RPS 信号

用示波器测量转速信号，集成运算放大器 U19 的 1 脚输出两个不同的方波脉冲，分别是每分钟旋转 10 ~ 20 转和 45 ~ 55 转的脉冲。同时记录示波器测量结果，并复制到答题卡上。

（2）测量 PWM 信号

用示波器测量 J6 引脚的 PWM（脉宽调制）信号，其中 2 脚输出不同的转速，分别是每分钟旋转 10 ~ 20 转和每分钟旋转 45 ~ 55 转。将示波器所测结果记录在答题卡 2 上，并计算信号占空比。

（3）测量停止按钮的延时

当按下停止按钮时，U10B 输出信号电压升高，使用双通道示波器测量两者之间的延时时间。当 U10B 升高时，还要测量 "FSTOP" 信号电压，如图 3-4-4、图 3-4-5 所示。记录测量值，并将其保存于答题纸所附图片文件中。

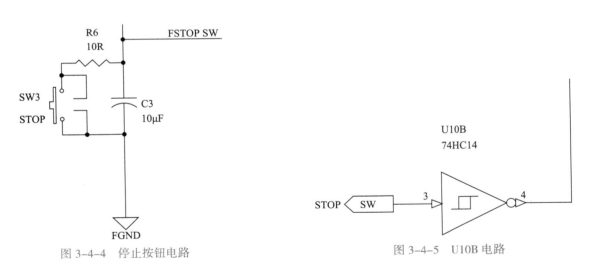

图 3-4-4　停止按钮电路　　　　　　　　　　图 3-4-5　U10B 电路

调整波形，使延时能够从波形中显示并读取出来，这段延时开始于停止按钮被按下时，结束于 U10B 输出升高时。记录该波形，将其保存于图片文件中，并将其记录在答题卡上，并在答题卡中写出延时与触发电平电压值。

三、元器件清单

备件箱中元器件清单见表 3-4-5 所示。

表 3-4-5　　　　　　　　　　备件箱元器件清单

序号	描述	值	数量	检查		元器件使用
				选手签字	专家签字	选手签字
一	模块		1			
二	零件盒		1			
1	电线		1			
1 号						
1）	贴片电容器	0.47 μF，SMD 0805	5			
2）	贴片电容器	1 μF，SMD 0805	5			
3）	贴片钽电容器	1 μF，3216	2			
4）	贴片钽电容器	10 μF，3216	2			
2 号						
1）	二极管	1N4148	5			
2）	贴片晶体管	2N3904/SOT23	1			
3）	贴片晶体管	2N2222/SOT23	1			
4）	贴片晶体管	2SC1815/SOT23	1			
5）	集成电路调节器	TL431/TO92	1			
3 号						
1）	贴片电阻器	100 kΩ，SMD0805	5			
2）	贴片电阻器	68 kΩ，SMD0805	5			
3）	贴片电阻器	1 MΩ，SMD0805	5			
4）	贴片电阻器	10 kΩ，SMD0805	5			
5）	贴片电阻器	2 kΩ，SMD0805	5			
6）	可变电阻器	50 kΩ，3296 W type	1			
7）	可变电阻器	100 kΩ，3296 W type	1			
4 号						
1）	贴片集成芯片	NE555，SOIC-8	1			
2）	贴片集成芯片	LM393，SOIC-8	1			
3）	贴片集成芯片	74LS85，SOIC-16	1			
4）	贴片集成芯片	74LS161，SOIC-16	1			

序号	描述	值	数量	检查		元器件使用
				选手签字	专家签字	选手签字
5）	贴片集成芯片	74LS193，SOIC–16	1			
6）	贴片集成芯片	74HC14D，SOIC–14	1			
7）	贴片集成芯片	74LS05，SOIC–14	1			
8）	贴片集成芯片	74HC04D，SOIC–14	1			
9）	贴片集成芯片	HEF40106BT，SOIC–14	1			
5 号						
1）	电阻器	1/4 W，4.7 kΩ	5			
2）	电阻器	1/4 W，10 Ω	5			
3）	电阻器	1/4 W，150 Ω	5			
6 号						
1）	贴片电阻器	150 Ω，SMD0805	5			
2）	贴片电阻器	470 Ω，SMD0805	5			
3）	贴片电容器	0.1 µF，SMD0805	5			
4）	贴片电容器	0.01 µF，SMD0805	5			
5）	二极管	1N4007	1			
三	测试报告		1			

四、答题纸

1. 故障点答题纸

	故障元器件	故障符号
故障 #1		
	修复前	修复后
测量 #1 节点：_____		

续表

	故障元器件	故障符号
故障 #2		
	修复前	修复后
测量 #1 节点：_____		

	故障元器件	故障符号
故障 #3		
	修复前	修复后
测量 #1 节点：_____		

	故障元器件	故障符号
故障 #4		
	修复前	修复后
测量 #1 节点：_____		

续表

故障 #5	故障元器件	故障符号
	修复前	修复后
测量 #1 节点：_____		

2. 测量答题纸

测量 1

测量原理图

测量图

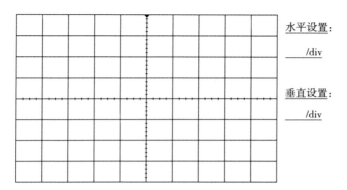

水平设置：

_____/div

垂直设置：

_____/div

测量 2

测量原理图

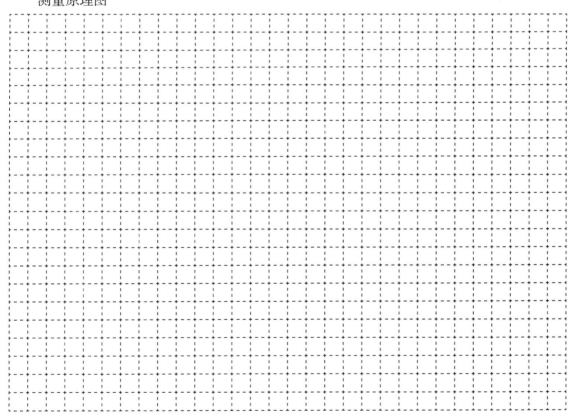

测量图

水平设置：

_____ /div

垂直设置：

_____ /div

测量 3

测量原理图

测量图

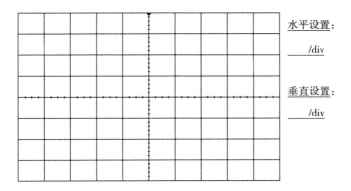

水平设置：

_____ /div

垂直设置：

_____ /div

测量 4

测量原理图

测量图

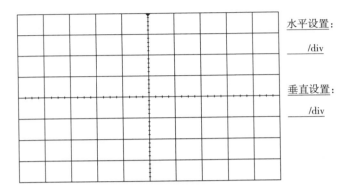

水平设置：

_____ /div

垂直设置：

_____ /div

五、解题思路

1. 分析电路工作原理

本产品是一种利用风力发电的数字风力发电系统，如图 3-4-1 所示。用直流电动机产生的机械能替代风能。直流电动机的转速由脉冲宽度调制（PWM）单元控制。选手首先要读懂数字显示风电系统框图（见图 3-4-3），其中电动机的转速由前面板上的电动机控制加速按钮（SW1）、电动机控制减速按钮（SW2）、停止按钮（SW3）控制。电压和电流显示在前面板上。每个按钮的状态通过内部 LED（D2，D4，D5）显示。直流电动机的 PWM 控制值为 16 步（0000（0）～1111（15））控制的，使用 4 个内部 LED 阵列（D3）显示。选手将使用前面板上的加速、减速和停止按钮来调整直流电动机的速度。充电电能用于操纵面板上的高亮 LED（D1），它根据直流发电机的转速变化。

看懂框图后就要仔细看具体的图纸了，应用学过的电路分析、模拟电路、数字电路等知识，逐张仔细分析每个模块的功能。分析清楚电路是排除故障的前提。

2. 操作检查表

在这次比赛开始前 10 分钟，提供检查表测试单元的初始操作。确认所有元器件都在备件箱中，当赛场专家下发了查找故障装置并许可后，选手开始检查。这个操作检查表，用于考试前每个选手测试自己电路板的故障，确保所有选手的故障都处于相同的状态。每个选手在自己的故障状态检查表上按照顺序检查故障情况，使用 X 符号标记列表中正确操作现象，使用 W 符号标记错误操作现象。

3. 故障查找

电路板上有五个故障点需要修复。当检查到故障时，记录故障的证据并修复该故障，在分析电路的基础上，按照原理图逐级分析测得的波形和原理图分析得到的波形有何不同，比如发电机的电压、电流、转速，如果不同，所测电路可能有故障，逐级检查元器件，看电路上是否有短路、断路、元器件值变大或者变小，或者元器件有损坏，需要更换的元器件应该在备件箱元器件清单中选择，否则会被扣分。

4. 描述维修依据及故障点维修测量

本试题需要校准，将电路板连接到电源上，然后按照题目要求的指令进行单元校准。校准单元后，用示波器按题目要求进行测量，用取证采集的方法将波形和数据记录在答题纸上，找到故障点后，根据电路的原理把发给选手的故障板维修好，用试卷上描述的符号将故障的证据记录在答题纸上，包括故障符号、故障位置、维修前信号和维修后信号。有些波形和数据需要用示波器测量，可用泰克示波器自带的通信软件测量，把测量的波形直接剪贴到 Word 试卷上。

5. 测量维修后波形

故障板维修好后，按照试卷要求，测量 3 个测试点。

（1）RPS 的信号测量

用示波器测量 RPS（每秒转速）信号，运算放大器 U19 1 脚输出的方波脉冲有两种不同的转速（转速在 10 到 20 转 / 分钟和 45 到 55 转 / 分钟）。记录示波器测量结果并复制到答题纸上。

（2）PWM 信号测量

用示波器测量 J6 引脚的 PWM（脉宽调制）信号，其中 2 脚输出不同的转速，分别是每分钟旋转 10 ~ 20 转和每分钟旋转 45 ~ 55 转。用示波器记录测量结果并记录在答题纸上，计算信号占空比。

（3）停止按钮延时测量

用双通道用示波器测量从按下停止按钮到 U10B 的输出升高之间的延时。当 U10B 升高时，还要测量 "FSTOP" 信号电压。将测量结果记录下来，并保存到附在答题纸上的图片文件中。

最后，把维修好后的电路板用洗板水清洗，然后再次测量，同时查试卷上的波形是否正确。

附录　本书部分电气元件图形符号
（国家标准与世界技能大赛使用的标准对照）

序号	元器件名称	国家标准图形符号	世界技能大赛使用的标准图形符号
1	电阻器		
2	电位器		
3	电感		
4	变压器		
5	二极管		
6	发光二极管		
7	稳压二极管		
8	整流桥		
9	数码管		

续表

序号	元器件名称	国家标准图形符号	世界技能大赛使用的标准图形符号
10	集电集接管壳的 NPN 型半导体管		
11	场效应管		
12	晶闸管		
13	开关		
14	按钮开关		
15	继电器		
16	扬声器		
17	单刀双掷开关		